KB069060

생각의 힘을 키우는

# 슬로리딩

생각의 힘을 키우는

# 슬로리딩

**초 판 1쇄** 2021년 04월 28일

**지은이** 황서진
**펴낸이** 류종렬

**펴낸곳** 미다스북스
**총괄실장** 명상완
**책임편집** 이다경
**책임진행** 박새연 김가영 신은서 임종익

**등록** 2001년 3월 21일 제2001-000040호
**주소** 서울시 마포구 양화로 133 서교타워 711호
**전화** 02) 322-7802~3
**팩스** 02) 6007-1845
**블로그** http://blog.naver.com/midasbooks
**전자주소** midasbooks@hanmail.net
**페이스북** https://www.facebook.com/midasbooks425



ISBN 978-89-6637-906-4 03590

값 15,000원

# SLOW READING

생각의 힘을 키우는

# 슬로리딩

**황서진** 지음

미다스북스

# 프롤로그

"소중한 기억이 있는 것만큼 중요한 것은 그것을 계속 끌고 가는 것일 텐데 이 소중한 기억은 휘발성이 남달라서 자꾸 사라지려 든다. 불행은 접착성이 강해서 가만히 두어도 삶에 딱 달라붙어 있는데, 소중한 기억은 금방 닳기 때문에 관리를 해줘야 한다."

– 문보영의 『준최선의 롱런』 중에서

소중한 것일수록 우리 기억에서 쉽게 사라진다. 아이들의 웃음소리가 얼마나 듣기 좋은지, 옆에 있는 가족이 얼마나 소중한지, 매일의 평범한 일상들이 얼마나 값진 것인지는 이런 소소한 일상들을 잃어버렸을 때 비로소 알게 된다. 소중한 것들은 대체로 일회성이 아니라 숨 쉬는 공기처럼 삶과 함께한다. 책 읽기도 마찬가지다. 책은 삶의 방향 설정, 현자의 지혜, 경험, 깨달음을 통해 함께 살아가는 '일생 반려'의 의미다.

책을 좋아하고 많이 읽기를 바라는 건 거의 모든 사람의 희망 사항이다. 특히 아이를 키우는 부모들은 태교 때부터 많은 책을 읽어주고 아이가 태어나면 하루라도 빨리 스스로 책을 읽을 수 있도록 조기 교육을 시키기도 한다. 우리가 살아가는 21세기는 지식 정보화 사회로서 자고 일어나면 새로운 정보들이 넘쳐나고 쏟아지니 실제로 사람들은 경쟁이라도 하듯 많이 읽고, 빨리 읽어야만 경쟁에서 앞설 수 있지 않을까란 생각에 초조함을 느낀다. 하지만 세상에 존재하는 모든 독서법을 총동원하더라도 세상에 있는 모든 정보나 책들을 다 읽고 받아들일 수는 없다.

시류에 편승하는 독서법을 통해 많은 책을 읽더라도 어느 순간 한계에 부딪힌다. 독서는 인풋(Input)을 많이 한다고 훌륭한 아웃풋(Output)이 보장되는 건 아니다. 왜냐면 똑같은 문장을 읽는데도 한 번 볼 때와 반복해서 읽을 때 받아들이는 느낌이 확연히 다르기 때문이다. 기계적으로 읽고 내뱉는 오디오의 역할보다는 문장에서 뽑어 나오는 의미를 곱씹으면서 생각을 더해가는 슬로리딩을 통해 차별화된 독서 전략을 고수할 필요가 있다. 물론 경영에서 말하는 벤치마킹도 중요하지만, 벤치마킹이 늘 효과가 있는 것은 아니다. 왜냐면 독서의 주체는 개인이며, 책 읽기는 무엇보다 조심스럽고 섬세하게 온몸과 온 마음을 다해 익혀야 하는 긴밀한 과정이기 때문이다.

책을 읽는 이유는 사람마다 다양할 것이다. 나에게 책은 나 스스로를 지키는 버팀목과 같고 그것을 세워주는 공부가 독서다. 막내인 나는 연로하신 부모님께 걱정을 끼치지 않기 위해서 스스로를 지키기 위한 방편으로 책을 읽는다. 또한, 책은 나 자신을 이해하게 하는 공부이다. 살면서 그동안 시행착오도 많이 겪었다. 하지만 내가 무얼 잘하는지 어떤 꿈을 가지고 있는지, 스스로를 이해하고 사고하는 과정을 통해 나를 알아가는 공부를 한다. 마지막으로, 책은 타인에게 나를 드러내기 위한 과시욕이 아니라 진짜 나만의 공부를 위해 읽는다.

살면서 가장 많이 몰입하여 공부했던 적은 언제인가? 생각해보면 시험에 치여 살았던 중·고등학생 때도 아니고 대학을 다닐 때도 취직을 할 때도 아니다. 가만히 뒤돌아보면 아이를 낳고 인생이 멈춰버린 듯한 위기가 찾아왔을 때, 숨 쉬기 위해서, 살기 위해서 미친 듯이 책을 붙잡고 매달렸던 것 같다. 힘들고 억울한 일을 당해도 남 탓, 시대 탓, 누구 탓을 해봐도 내게 닥친 일들이 달라지지 않았다. 이런 현실에서 살아남으려면 세상을 알아가기 위한 진짜 공부가 필요했다.

초등학교부터 박사 과정까지 26년 동안 학교생활을 해오면서 교과서, 에세이, 소설, 자기계발서, 유머집 등 무수히 많은 책을 읽으려고 노력했다. 책을 통해 지식을 습득하고 마음의 위안을 찾으려고 무척 애를 썼다. 바쁜 일과 중에, 어떨 땐 1년에 250권까지 목표로 정해서 거의 1일 1독을 위해 빠르게 읽기, 핵심 내용을 중심으로 훑어보기, 여러 권을 동시다발적으로 읽기를 하면서 양적인 부분에 치중했다. 그렇게 하다 보면 어느 순간 집안일에서부터 직장 일, 집안 대소사에 아이들 교육 문제까지 산더미 같은 일에 치여 숨이 턱까지 차올랐다. 그러다 보니 에너지는 바닥나고 기진맥진하기 일쑤였다. 그렇지만 현실과 타협하여 하루하루를 맥없이 그냥 보내고 싶지는 않았다. 일에 치이고 읽지 못한 책들로 인해 책에 매몰된 채 갑갑한 마음에 울면서 보낸 날들도 많다.

그럴 때면 때때로 서른한 살 젊은 나이에 요절한 작가 전혜린의 숏런(Short run)한 삶이 떠올랐다. 그녀만큼의 재능은 아니더라도 롱런(Long run)하기 위해서 힘들지만 이 지난한 과정들을 견뎌야 한다는 자세로 그 순간들을 버텼다. 그런데 책 읽기를 계속하는데도 불구하고 때때로 책 내용을 떠올려 보면 읽었던 내용 같기도 하고, 어떨 땐 머리가 멍하니 아무 생각도 나지 않았다. 점점 읽는 책의 양은 늘어나는 데 비해, 그와 상반되게 마음은 불안하고 초조해져만 갔다.

독서법에도 사람들마다 방법적인 차이가 있을 것이다. 하지만 사람의 뇌란 같은 일을 반복적으로 하다 보면 유능해지기 때문에 굳이 빨리 읽거나, 많이 읽으려고 욕심을 내지 않더라도 꾸준히 읽다 보면 독서의 속도도 빨라지기 마련이다.

슬로리딩으로 책을 읽게 되면 바쁜 직장인이나 부모, 아이들 모두 하루 일과 중 읽어야 하는 양과 결과에 치우친 압박감으로 책을 읽는 것이 아니라 자연스럽게 일상에 녹아든 책 읽기를 하게 될 것이다.

이 책은 총 5장으로 구성되어 있다. 1장에서는 독서 방법들 중에서 슬로리딩이 왜 중요한지 그 이유에 대해서 이야기한다. 2장에서는 공부를 잘하기 위해서 독서를 어떻게 해야 하는지를 알려준다. 3장에서는 가정에서 슬로리딩을 실천할 수 있는 방법들에 대해 설명한다. 4장에서는 아이들의 삶을 성장시키는 독서법을 제시한다. 5장에서는 슬로리딩으로 우리 아이들이 성공적인 미래를 살 수 있음을 강조한다.

이 책이 나오기까지 늘 나와 함께했던 엄마께 감사드린다. 책을 쓰겠다고 말씀 드렸을 때 아픈 와중에도 "해보렴~ 잘할 수 있을 거야."라며 끊임없이 믿어주시고 끝까지 해낼 수 있는 용기를 주셨다. 배려라는 미명하에 물러서려는 심적 갈등을 떨치고 앞으로 나서서 내 인생의 진정한 주인으로 거듭날 수 있게 아낌없이 지켜봐주셨다.

마지막으로, 같은 방향을 바라보며 격려와 응원을 보내준 남편과 눈부신 미래를 살게 될 두 딸 서은 세정, 작년에 돌아가신 사랑하는 엄마에게도 감사드린다.

2021년 4월 황서진

# 목 차

## 2장 슬로리딩, 모든 공부의 시작이다



## 3장 내 아이를 위한 7가지 슬로리딩 원칙

## 4장 엄마와 함께하는 슬로리딩 독서법



## 5장 슬로리딩, 아이의 인생을 바꾼다

## 인트로

'남이 장에 간다하니 거름지고 나선다.'라는 속담처럼 줏대 없이 남을 따라 분위기에 젖어 생각 없이 빠른 속독, 다독으로 책을 읽는다. 가끔 그 속에 자신이 들어가기도 하는데 설마 자신일 거라고는 전혀 생각지를 않는다. 남이 명품백을 들면 자신도 명품백을 들어야 뒤처지지 않는다고 느낀다.

책 읽기도 마찬가지다.

사회가 급변하느니, 대량정보화 사회가 되어 눈 뜨면 새로운 정보들이 넘쳐나느니하는 주변에서 떠드는 말에, 경쟁이라도 하듯 많이 읽고, 빨리 읽어서 지식을 머릿속에 저장하고 입력하기 위해 전전긍긍하는 모습들을 어렵지 않게 볼 수 있다. 하지만, 세상에 존재하는 독서법을 총동원하더라도 세상에 모든 정보, 책들을 다 읽고 받아들일 수는 없다.

시류에 편승하는 독서법을 통해 책을 읽더라도 어느 순간 한계에 부딪힌다. 책은 인풋(Input)을 많이 한다고 훌륭한 아웃풋(Output)이 나온다고 장담할 수 없다. 왜냐면 똑같은 문장을 읽는데도 한번 볼 때와 두 번 세 번 읽을 때 받아들이는 느낌의 총량은 확연히 다르다. 기계적으로 읽고 내뱉는 오디오의 역할보다는 문장에서 뿜어져 나오는 의미를 곱씹어보며 생각에 생각을 거듭하게 하는 슬로리딩을 통해 남과 다른 차별화된 독서전략을 가질 필요가 있다.

경영에서 말하는 벤치마킹도 물론 중요하지만, 늘 효과적인 건 아니다. 책 읽기는 그 무엇보다 조심스럽고 섬세하며 온몸과 마음을 통해 체득해야 하는 긴밀한 과정이다.

SLOW READING

1장

# 왜 슬로리딩이 답인가?

"독서는 빨리 달리기 위함이 아니라, 잠시 멈추기 위해 필요한 도구다. 세상을 읽고, 나를 돌아보며, 사색을 통해 철학을 정립하고, 타인의 삶에 보탬이 될 수 있는 경험과 지혜를 나눠주는 것이다."

SLOW READING

01

# 왜 슬로리딩이 답인가?

왜 책 읽기는 속독, 다독이 아니라 슬로리딩이 답인가? 매일 새로운 정보가 쏟아지고, 새로운 지식의 창출 속도가 가속화되는 21세기는 더 이상 지식의 시대가 아니다. 미래학자 버크민스터 풀러의 '지식 두 배 증가 곡선(Knowledge Doubling Curve)'에 따르면 인류의 지식 총량은 2배 증가하는데 100년의 시간이 소요됐다. 하지만 1990년대부터 25년, 2018년에는 1년, 2030년이 지나면 3일이 걸릴 것으로 예상했다. 전문가들은 앞으로 이 주기가 최대 12시간으로 단축될 것으로 예측한다. 휴대폰 광고에서 보여지 듯 어떤 정보든 3초 안에 손바닥에서 구할 수 있는 세상이 되었다. 학교 교육도 1~2년이 지나면 옛

지식이 되고, 지갑은 두고 다녀도 꼭 가지고 다닌다는 휴대폰은 2년만 쓰고 나면 구시대 유물이 되어버리는 시대다. 자고 나면 바뀌는 세상이고, 돌아서면 변화하는 시대다. 엄청난 변화의 속도는 우리 삶을 편리하게 바꾸고 있지만, 한편으로 '제대로 된 삶'을 돌아볼 마음의 여유를 빼앗아버리는 악영향을 미치기도 한다. 세상의 변화를 이런 속도와 연관해서 볼 때, 더 이상 독서를 정보 획득용으로 사용할 수 없는 시대에 살고 있다. 책이 아니라도 SNS, 유튜브, 블로그 등 정보를 얻을 만한 도구는 넘쳐난다. 앞으로는 정보를 얻고자 속독, 다독과 같은 알맹이 없는 독서로 자신의 지식 총량을 채우는 데 급급해서는 안 된다.

형제 많은 집의 막내인 나는 참 평범한 사람이다. 7남매 중 막내로 다혈질인 언니, 오빠들에게 눌려 내성적이고 소심한 데다 유독 겁이 많은 아이였다. 가끔씩 일어나는 언니, 오빠들의 싸움은 어린 내가 보기에 너무 무서웠다. 그러다 보니 자꾸만 눈치를 보게 되었다. 그 경험 때문인지 지금도 나는 싸우는 모습을 보거나 누군가와 싸워야 하는 상황이 생길 때면 숨이 멎을 정도의 공포를 느낀다. 잘못한 게 없는 데도 싸움을 피하려고 뒷걸음질 치는 나 자신을 볼 때면 패자의 비굴함이 느껴진다. 학교생활에서도 답을 알면서도 긴장한 탓에 나서지 못하는 순간들이 생겼다. 앞에 나서서 발표할 수 있는데도 못 한다며 고개 숙였던 못난 모습들이 언제나 그림자처럼 나를 따라 다녔다. 이런 모습과는 달리 어릴 때부터 내색은 하지 않았지만, 내면에서는 특별한 사람이 되고 싶었다. 특별한 사람이 되고 싶다는 생각은 조금이라도 더, 남들보다 인정받고 싶었고, 주변에 흔히 있는 사람이 아닌 독특한 나만의 색깔을 가진 유일무이한 '나'이고 싶은 간절함이었다. 숨 쉬는 매 순간 내면의 나는 끊임없이 외친다. '현실에 안주하지 마, 성공을 위해 특별해져야 해, 끊임없이 자기계발을 해~.'라고.

세계적인 교류 분석가인 에릭 번은 "자신의 삶이 만족스럽지 못한 것은 자신을 제대로 모르기 때문이다. 그러니 인생 각본을 다시 쓰라"고 조언한다. 그의 말처럼 나는 독서를 통해 인생 각본을 다시 쓰려고 자기계발에 집중했다. 1일 1책, 최소 1주 5권을 완독하면 한 달에 20권~25권 책 읽기가 가능했다. 그야말로 야심찬 목표를 정해서 실천했다. 그러다 6개월이 지나 1일 1책 읽기가 제대로 지켜지지 않을 때는 하루에 책을 몇 권씩 펼쳐놓고 미친 듯이 읽기도 했다. '특별해지고 싶다. 성공하고 싶다.'라는 '강한 일념'으로 무리하게 속독, 다독에 욕심을 부렸다. 속독은 학교 다닐 때 시험 전날 벼락치기를 해서 국어, 역사, 도덕과 같은 과목에서 점수를 받는 데 유용했다. 하지만 빨리 읽다 보니 속도에만 집중하게 되어 시험을 보고 나면 읽었던 내용은 거의 기억나지 않았다. 읽은 내용인데도 처음 보는 내용처럼 낯설었다. 우리 주변의 존경 받는 사람들 중에 '속독가'라는 말을 듣는 사람이 몇 명이나 있는가? 아마 다독가는 많을 것이다. 속독책의 저자만 하더라도 속독술로 한 달에 책을 몇백 권 읽었다느니, 1년에 천 권 읽었다느니 자랑은 하지만, 속독법 덕분에

위업을 달성했다는 예는 찾아볼 수 없다. 뒤돌아보면, 속독으로 많은 책을 읽고자 했던 것은 '특별한 삶'을 살고 싶었던 나의 조급증 때문이었다. 남들보다 많이 읽고 빠르게 읽으려는 욕심에 권수만 집착하는 책 읽는 바보 말이다. 하지만, 독서는 빨리 달리기 위함이 아니라, 잠시 멈춰 서기 위해 필요한 도구다. 세상을 읽고, 나를 돌아보며, 사색을 통해 철학을 정립하고, 타인의 삶에 보탬이 될 수 있는 경험과 지혜를 나눠주는 것이다. 빨리 읽다 보면 천천히 읽을 때 볼 수 있는 저자의 의도, 의미심장한 구절, 절묘한 표현 등을 놓칠 가능성이 있다. 속독 후에 남는 것은 읽었다는 행위에 대한 뿌듯함뿐이다.

미국의 철학자 겸 저술가로 유명한 모티머 J. 애들러는 책을 제대로 읽으려면 연애편지처럼 천천히 읽어야 한다고 말한다. 젊었을 때 연애편지를 쓰거나 받아본 사람이라면 애들러의 말을 이해할 수 있을 것이다. 우리가 연애편지를 읽을 때는 상대의 의도가 무엇인지 음미하면서 천천히 읽는다. 이는 전통적인 책 읽기 방법인 '숙독', '정독'에 가까운 독서 방식이다. 슬로리딩(slow reading)은 그런 독서 태도를 포괄하는 독서법이다.

『책을 읽는 방법』의 저자 히라노 게이치로는 바쁘게 살아가는 현대인들에게 적은 책을 읽더라도 곱씹으며 제대로 읽는 독서인 슬로리딩이 필요하다고 제안한다. 그는 '슬로리딩은 오랜 시간을 들여 그 사람의 깊이를 더해주는 것'이며 '무작정 활자를 좇는 빈약한 독서에서, 맛을 음미하고 생각하며 깊이 느끼는 풍요로운 독서로 나아가게 하는 것'이라 말한다. 맞는 말이다. 곰곰이 생각해보면 새로운 지식을 읽어야 한다는 강박관념은 속독, 다독에 대한 집착이 되었다. 이처럼 양적인 부분에 치중하다 보니 책장을 덮는 순간 읽은 내용은 썰물처럼 머릿속에서 빠져나갔다. 책을 왜 읽었는지, 무슨 내용이었는지, 하얀 백지처럼 아무 생각도 나지 않는 내 자신에게 '뭐 읽었던 내용이 어디 도망가겠어, 차곡차곡 내 안에 쌓이고 있으니까 괜찮아.'라며 스스로 위로했다. 노벨문학상을 받은 일본의 작가 오에 겐자부로는 저서 『읽는 인간』에서 속독은 절대 권장할 것이 못 되며, 재독의 중요성을 강조했다. 몇 번이고 반복해서 다시 읽으면, 읽기가 반복될수록 정확한 의미와 훌륭한 표현들을 발견하고 기억하게 된다. 그러면서 내면의 깊이와 지식의 축적이 자연스럽게 쌓여간다. 이처럼 슬로리딩으로 '느리게 읽으면' 천천히 그리고 깊이 있게 독서를 할 수 있다.

대학원을 졸업한 해, 첫 아이를 가졌다. 임신하고 태교로서 『빨강머리 앤』을 읽기 시작했다. 어릴 때 일본 후지TV에서 만든 만화 'TV 명작동화' 시리즈를 KBS 방송국에서 방영했었다. 그때 나는 빨강머리 앤을 보기 위해 방송하는 날이면 TV 앞에서 떠나지 못했던 기억이 있다. 성인이 되어 빨강머리 앤을 소재로 한 소설, 만화, 실사 드라마, 영화 등 관련된 모든 콘텐츠들을 두루 섭렵했다. 귀엽고 엉뚱하고 상상력이 풍부한 앤 셜리는 생각만 해도 기분이 좋아지는 캐릭터다. "주근깨 빼빼 마른 빨강 머리 앤, 예쁘지는 않지만 사랑스러워! … 빨강머리 앤, 귀여운 소녀 빨강머리 앤, 우리의 친구" 빨강머리 앤의 오프닝 곡은 지금도 흥얼거릴 정도로 좋아하는 노래이다. 앤의 "행복한 나날이란 멋지고 놀라운 일이 일어나는 날들이 아니라 진주알이 하나하나 한 줄로 꿰어지듯 소박하고 자잘한 기쁨들이 조용히 이어지는 날들인 것 같아."라는 명대사는 태교로 아이에게 되풀이해서 들려줬던 구절이다. 그때 읽었던 소설, 영상, 음악은 아직도 세세한 부분까지 또렷하게 기억한다. 임신으로 불안했던 나에게 삶의 에너지를 줬던 친구 같은 존재였기 때문에 특별한 애착이 느껴진다. 친정엄마는 '첫 아이를 가졌을 때 평상시 속도보다 느리게 몸도 마음도 바른 자세로 걸어야 한다, 조심스럽게 천천히 생각해야 반듯한 아이를 낳는다.'라며 태교의 중요성을 말씀하셨다. 아마도 그때부터 '천천히'라는 말을 자연스럽게 일상으로 받아들였던 것 같다.

세상은 하루가 다르게 다양한 정보들을 쏟아낸다. 우리는 무수한 정보를 읽거나 흡수하여 자기 것으로 만들기 위해 속독, 다독에 열을 올리고 있다. 하지만 지금은 인터넷 검색의 시대다. 단순한 지식은 아무런 의미가 없다. 단순히 문구를 알고자 한다면 그 자리에서 바로 검색을 하면 누구든 알 수 있다. 그러나 그것보다 더 깊은 사고를 요구할 경우 인터넷 검색만으로 문제를 해결할 수는 없다.

정보 과잉 공급 사회에서 진정한 독서를 즐기기 위한 '슬로리딩'은 '미래를 위한 독서'이다. 지금 당장 효과는 볼 수 없다. 하지만 장기적으로 보았을 때 사람들의 사고의 깊이를 더해줌으로써 삶을 지혜롭게 하는 경험의 깊이를 더해줄 것이다.

SLOW READING

02

# 책 읽기 속도가 중요한 게 아니다

책을 빨리 읽고, 읽은 내용을 자기 것으로 만들 수만 있다면 얼마나 좋을까? 책에는 한 사람, 한 사람의 경험과 지혜가 고스란히 담겨 있다. 책을 읽는다는 것은 누군가의 인생을 대신 살아볼 수 있는 유일한 기회를 마주하는 일이다. 한 번 뿐인 인생, 책을 통해 다양한 경험을 한다는 건 삶을 풍요롭게 하는 지혜를 얻는 것과 같다.

대부분의 사람들은 자고 일어나면 변하고 바뀌는 세상에서, 변화를 제대로 읽지 않으면 뒤처지지 않을까 하며 불안해한다. 변화에 대한 위기의식은 개인마다 정도의 차이는 있지만, 거의 모든 이들이 느낀다. 남들보다 지식이나 정보를 더 많이 더 빠르게 습득해야 변화를 극복할 수 있다는 주장은 '빠르게 많이 읽어야 하는' 속독 콤플렉스로 빠져들게 했다.

내가 책 읽기를 시작한 것은 첫아이가 25개월 때 어린이집 원감으로 직장생활을 시작하면서이다. 개원한 지 얼마 되지 않은 어린이집이었다. 때문에 허울만 좋은 원감이지, 서류 준비에 환경 정리까지 해야 할 일은 산더미 같았다. 어린이집에 관한 기초부터 뼈대까지 모든 일을 해야 했기에 쉴 틈 없이 하루하루를 보냈다. 그러다 6개월 뒤, 어린이집은 어느 정도 안정을 찾기 시작했다. 하지만 현실에서의 나는 워킹 맘이자 주말부부, 독박육아에 치여 지쳐 있었고, 도와주는 이 없는 3중고로 인해 점점 삶은 피폐해졌다.

피로에 지친 나는 '속 빈 강정'이었다. 속 빈 강정은 조선 후기 실학자인 박지원 선생의 『연암 산문집』에 나오는 이야기이다. 처음 연암의 산문집을 읽었을 때, 속 빈 강정이란 표현에 재치가 느껴져 웃었던 적이 있다. "자네는 음식 가운데 강정이라는 것을 보지 못했나? 쌀가루를 술에 재었다가 누에 크기만큼 잘라서 기름에 튀기면 그 모습이 누에고치처럼 된다네. 보기에 깨끗하고 아름답기는 하지만 그 속이 텅텅 비어 아무리 먹어도 배부르지 않다네…." 연암이 말하는 속 빈 강정은 꼭 그때의 내 모습 같았다. 겉으로는 그럴듯해 보이지만, 속은 바싹 말라 텅 빈 공허함으로 가득한. 시간이 지날수록 어린이

집은 점점 안정을 찾아갔지만, 현실에서의 나는 외롭고 불안하기만 했다.

그러다 기시미 이치로의 『나답게 살 용기』라는 책에서 아우슈비츠 수용소에서 전해지던 개구리 이야기를 우연히 읽게 되었다. 개구리 두 마리가 우유 항아리 위에서 놀다가 그만 항아리에 빠졌다. 비관주의자인 개구리는 어차피 틀렸다란 생각에 아무것도 하지 않고 있다가 그대로 빠져 죽는다. 반면 낙관주의자인 개구리는 다리를 버둥거리며 살기 위해 필사적으로 몸부림친다. 그랬더니 우유가 어느새 치즈가 되었고 낙관주의자 개구리는 살아남게 된다. 아우슈비츠 수용소에 갇힌 사람들은 언제 가스실로 끌려갈지 모르는 불안한 상황에서 정신적으로 지쳐 죽는 이도 많았다고 한다. 하지만 동일한 상황에서도 자유와 행복을 꿈꾸며 끝까지 살기 위해 노력한 이는 살아남았다. 그중 한 사람인 빅터 프랭클 박사는 아우슈비츠 수용소에서 살아남은 유태인 의사이다. 그의 저서 『죽음의 수용소에서』에서 그는 삶에서 무엇을 기대하기보다 삶이 우리에게 무엇을 기대하는지 의미를 찾는 게 중요하다고 말한다. 기시미 이치로, 빅터 프랭클은 누구나 세상을 살아감에 있어 자신이 어떤 의미를 부여하느냐에 따라 세상의 중심으로 설 수 있으며, 자신이 원하는 방향으로 모든 것을 바꿀 수도 있다고 말한다.

일하는 엄마, 육아, 직장생활 등 답답한 현실에 지쳐 있던 나는 현실에서 벗어나기 위해 책을 읽기로 결심했다. 현실에 안주한 채 하루하루를 살기보다 현실에 휩쓸리지 않고 앞날의 주인이 되기 위해 보다 적극적으로 책을 읽기 시작했다.

그때의 나는 책 읽기가 속도전이란 생각에 비장한 각오로 읽었다. 독서의 양을 한 주에 20권에서 25권, 1년이면 최소 200권에서 250권을 읽기로 목표를 정했다. 목표를 달성하려면 거의 매주 5권씩은 읽어내야 하는 양이었다. 책 읽기를 우선순위로 하여 6개월은 원하는 속도대로 읽었다. 하지만, 직장 일이며 육아에 시댁 경조사까지 겹치는 달이면 목표한 권수를 읽기가 힘들었다. 그럴 때면 읽어야 한다는 심리적인 압박에 시달렸다. 나중에는 어쩔 수 없이 목표한 책의 권수를 채우기 위해서 시중에 나와 있는 속독과 관련된 책들을 찾아서 읽기 시작했다. 속독술에서 공통적으로 말하는 것은 책의 세부적인 문장을 따라 읽는 게 아니라, 그곳에 나열된 문장 전체를 훑어보면서, 스캔하듯이, 그림처럼 눈에 새겨야 한다는 것이다. 그렇게 하면 실질적으로 꼼꼼하게 다 읽지 않더라도 무의식적으로는 정보를 받아들여, 책을 덮고 나서 다시 생각해보면 내용을 알 수 있다는 것이다. '과연 이렇게 해서 내용을 제대로 기억할 수 있을까? 효과가 있을까?' 하고 내심 불안했다. 하지만, 책을 빨리 읽기 위해서는 궤변 같아도 속독 책에 나와 있는 방법에 따라 읽을 수밖에 없었다.

속독하다 보니, 처음보다는 빠르게 한 권의 책을 완독하게 되었다. 빠르게 훑어 읽는 것이 습관이 되다 보니, 읽은 내용을 이해하고, 생각하기도 전에 눈은 다음 장으로 넘어갔다. 시간이 지날수록 책을 읽었는데도 불안한 마음은 다시금 커졌다. 읽기는 다 읽었는데, 다시 반추해보면 줄거리도, 좋았던 문구도, 심지어 저자 이름도 떠오르지 않는 경우가 다반사였다. 읽었던 책을 다시 펼쳐보면 때때로 새로운 내용의 책을 보는 듯한 기시감도 들었다.

그러다 아이가 30개월 때, 이솝 우화 '토끼와 거북이'를 읽어주게 되었다. 책을 읽어주기 전 책 표지의 그림부터 살펴보았다. 아이는 그림 속에 있는 토끼를 보고 "하얗고 귀가 쫑긋한 토끼가 너무 귀여워요. 나는 토끼 할래요. 엄마는 거북이 하세요."라며 말했다. 그러나 빠름의 대명사인 토끼가 달리기 경주에서 빠르게 뛰는 자신의 재능에 취해 자만하다 그만 느린 거북이에게 패배하고 말았다. 아이는 결국 토끼가 경주에서 패하자 눈물을 글썽이며 자기는 토끼가 밉다며 울음을 터뜨렸다. 그때 우는 아이가 귀여워 토닥이면서 "세상은 토끼처럼 무조건 빠르다고 좋은 게 아니야. 거북이처럼 좀 늦더라도 천천히 걷다 보면 익숙해져서 결승점까지 쉽게 도착하기도 한단다. 그러니 괜찮아."라며 달랬다.

그런데 아이를 달래는 나도 망치로 한 대 얻어맞는 느낌이었다. 그동안의 나는 책을 빨리 읽고 많이 읽었는데도 남는 게 없어 불안하고 초조하기만 했다. 상대방이 이야기하는 도중에 "그 책 어디가 좋았어?"라고 묻기라도 한다면, "글쎄… 읽긴 읽었는데 생각이 잘 나질 않네~."라며 얼버무린 적도 있다. 이럴 때면 분명 상대방은 '저 사람 뭐야~ 제대로 읽긴 읽은 거야? 아님 읽지도 않고 읽었다고 하는 거야?' 하면서 나를 읽기만 하고 아무 생각도 안 하는 사람으로 간주할 것이다. 우리가 책을 읽는 목적은 삶의 방향을 설정하고 현명한 지혜를 얻는 데 도움을 얻기 위함이다. 그런데, 속도라는 망령에 사로잡혀 그동안 책을 왜 읽는지 목적을 망각했다.

『달인』에서 조지 레오나르드가 말하는 달인은 어떤 사람일까? TV 프로에 나오는 생활 속 달인이나 개그맨 김병만의 경우처럼 자신의 길을 묵묵히 걸어가는 사람을 말한다. 달인이 되기 위해 한 가지 일을 되풀이해서 연습하다 보면 지루하고 고통스럽다. 하지만 어떤 일이든 그것을 꾸준히 반복하다 보면 결국 달인이 된다. 사람들에게 김밥 CEO로 널리 알려진 김승호 회장은 『생각의 비밀』에서 "세상에 공짜는 없다. 쉬운 길에는 사람이 많고 지름길은 막다른 길로 변하기도 한다."라며 경고한다. 그는 달인의 경지에 오른 이들처럼 대부분의 사람들이 어렵더라도 반복해서 연습하면 자연스럽게 성공의 길에 이르게 될 거라고 강조한다.

과거의 나처럼 빠르게 책 읽기로 성패를 보려는 사람일수록 천천히 책을 읽어야 한다. 책을 읽고 난 뒤, 자신의 잠재능력을 깨우치고, 넓어진 배경 지식을 통해 책 읽는 속도는 자연스럽게 향상될 것이다. 빠르게 많이 읽지 않으면 뒤처지지 않을까? 이런 낡은 의심과 과학적이지 못한 사고방식은 버리자. 한 권의 책을 읽어도 작가의 의도가 무엇인지 정확하게 파악하는 연습을 하자. 그런 뒤 자신의 경험과 사고를 결합하면 한 단계 수준 높은 독서를 할 수 있게 된다. 그러기 위해서는 무엇보다도 의도적으로 속도를 빠르게 하는 게 아니라 제대로 된 슬로리딩을 통해서 천천히 읽어야 한다.

SLOW READING

03

# 천천히 읽고 깊게 생각하고 크게 깨닫는 힘

'천천히 읽기'는 슬로리딩을 말한다. 슬로리딩은 한 권의 책을 될 수 있는 한 천천히 읽는 것이다. 천천히 읽은 뒤, 그 내용에 대해 사색함으로써 충분히 파악하게 되는 것이다. 책의 가치를 결정하는 기준은 사람들의 책 읽는 방법에 달려 있다. 슬로리딩은 책을 빨리 읽는 속독, 많이 읽는 다독과는 반대되는 책 읽기 방법이다. 꼼꼼하게 책을 읽는다는 의미로 '숙독', '정독'이라는 말을 포함하는 개념이다.

요즘은 책 읽는 방법이 예전과는 많이 다르다. 예전에 비해 매일 쏟아지는 책이나 출판되는 정보의 양이 비교할 수 없을 정도로 많은 까닭에 읽는 방법도 시대에 맞게 변화되고 있다. 하지만 살다 보면 보편적으로 강조하는 진리가 있다. 우리는 어릴 때부터 먹고 자고 배설하는 것과 같이 생활에 필요한 기본 습관들을 배우기 시작해서 점차 관계 속에서 사람이 지켜야 할 기본 원칙들을 익히게 된다. 만약 삶과 관련된 기본적인 원칙들을 제대로 지키지 않은 상태에서 무분별하게 새로운 것을 받아들이기만 한다면 망망대해에 표류하는 배가 될 것이다.

가끔씩 나는 헌책방인 알라딘에 간다. 서고에 꽂혀 있는 손때가 묻어 지저분해진 책, 갓 출간된 책처럼 말쑥한 모양새의 책, 구겨지거나 자잘한 낙서가 되어 있는 책들의 외형을 가만히 쳐다본다. 책을 펼쳐서 내용을 보기 전, 먼저 책의 외형을 보게 되면 그 책을 읽었던 사람이 어떤 사람인지, 어떻게 책을 읽었는지, 어떤 마음으로 책을 읽었는지가 어느 정도는 가늠이 되어 때때로 살펴보기만 할 때도 있다.

그날도 습관적으로 서고 쪽으로 시선을 돌리다 『주자서당은 어떻게 글을 배웠나』라는 책을 우연히 발견했다. 이 책은 당대 최고의 철학자이자 대학자인 주자가 제자들에게 글을 가르쳤던 방법에 대해 이야기하고 있는 책이다. 주자학의 핵심인 『주자어류』 가운데 독서법을 다룬 10권과 11권을 그대로 옮기고 풀어썼다. 책을 펼쳐서 읽기 전 제목에서 풍겨 나오는 지루하고 재미없을 것 같은 생각에 조금 망설였다. 하지만 책 읽는 방법들을 비교하며 나만의 책 읽기 방식을 찾기 위해서는 당대 최고인 주자의 책 읽는 방법을 먼저 아는 것도 도움이 되겠다는 생각에 책을 읽기 시작했다. 책에서 말하는 주자의 책 읽기란 "마치 과일을 먹는 것과 같다. 처음에 과일을 막 깨물면 맛을 알지 못한 채 삼키게 된다. 그러나 모름지기 잘게 씹어 부서져야 맛이 저절로 우러나고, 이것이 달거나 쓰거나 달콤하거나 맵다는 것을 알게 되니, 비로소 맛을 안다고 할 수 있다"고 한다. 이처럼 주자가 권하는 책 읽는 방법은 조선시대 서당처럼 천천히 '깊고 느리게 읽는' 방법과 비슷한 형태의 방법이라는 것을 알 수 있다.

위장이 약한 나는 어릴 때부터 소화가 잘 안 되어 잦은 복통으로 고생을 했다. 지금도 가끔 식사 시간을 놓친 경우 손발이 떨리고 심장이 쿵쾅거리며 조급해지는 전조증상들이 나타난다. 그럴 때면 허겁지겁 음식을 먹게 되고 또다시 음식이 체하는 통에 다시 화장실로 직행하는 악순환을 반복하게 된다.

책도 음식과 마찬가지로 급하게 먹으면 체하기 마련이다. 나처럼 음식을 급하게 먹을 게 아니라 천천히 여유를 가지고 먹어야 음식 고유의 맛을 느낄 수 있게 된다. 또한, 꼭꼭 씹어서 삼켜야 건강에도 도움이 된다. 책 읽기도 급하게 서둘러 읽는 것보다는 천천히 꼭꼭 씹어서 읽는 슬로리딩을 해야 한다. 슬로리딩을 해야 읽으면서 자신의 생각을 곱씹게 되고 곱씹어보는 과정을 통해 사물의 이치를 깨우칠 수 있는 통찰력을 갖게 된다.

『리리딩』에서 퍼트리샤 스팩스는 "책을 다시 읽으면 과거의 나 또는 더 많은 나와 이어질 수 있다."고 한다. 데이비드 미킥스의 『느리게 읽기』에서 해럴드 블룸은 독서가 자아를 성장시킨다며 "완전한 자아가 되지 않고서 남들에게 어떤 도움을 줄 수 있겠는가? 자아를 성장시키기 위해서는 책을 천천히 읽어야 되고 책을 천천히 읽음으로써 자신의 진정한 자아를 찾을 수 있다"고 주장한다. 미국의 철학자 겸 교육자로 유명한 모티머 J. 애들러도 다음과 같은 말을 했다.

"사랑에 빠져서 연애편지를 읽을 때 사람들은 자신의 능력을 최대한으로 발휘하여 읽는다. 그들은 단어 하나하나를 세 가지 방식으로 읽는다. 행간을 읽고 여백을 읽는다. 부분적인 관점에서 전체를 읽고 전체적인 관점에서 부분을 읽는다. 문맥과 애매함에 민감해지고 암시와 함축에 예민해진다. 말의 색채와 문장의 냄새와 절의 무게를 곧 알아차린다. 심지어 구두점까지도 그것이 의미하는 바를 파악하려 애쓴다."

퍼트리샤 스팩스, 해럴드 블룸, 모티머 J 애들러는 책을 어떻게 읽어야 하는지에 대해 잘 설명하고 있다.

이처럼 우리가 책을 읽을 때 한꺼번에 읽어버리는 방식은 곤란하다. 밥을 빨리 먹으면 배고픔을 달래줄지 몰라도 탈이 나기 쉽고 영양분을 제대로 흡수하지 못한다. 책도 마찬가지로 너무 빨리 읽으면 줄거리는 파악할 수 있지만, 단편적인 지식만을 흡수하는 데 그친다. 따라서 책을 읽을 때는 천천히 곱씹어서 읽어야 하고, 그렇게 되면 획득된 정보가 서로 관계를 맺으면서 어휘력과 사고력이 향상될 것이다.

우리는 가볍게 읽기 좋은 에세이나 소설, 술술 읽히는 자기계발서는 바쁜 직장생활 중에도 비교적 마음 편하게 읽는다. 하지만 일과 관련된 전문서나 경제 관련 책들을 읽을 때는 진도가 나가지 않고, 시간에 쫓겨 읽다 보면 마음만 불안했던 순간이 있었음을 기억할 것이다. 그러다 보니 제대로 이해도 되지 않고 마음은 더 초조하고 답답하기만 했었던 때를 현대인이라면 누구나 겪어봤을 것이다.

이런 우리와는 달리 조선시대 실학자였던 유형원은 "책을 읽을 때 이해가 안 되는 구절을 만나면 밥과 잠을 잊고서 매달린다. 그러면 언젠가 마음에 깨달음이 온다. 그때 나의 심장은 뜨겁게 고동치고 내 입술에선 흥겨운 노래가 나오고 내 손과 발이 덩실덩실 춤춘다"고 했다. 또한, 평소 독서광으로 유명했던 고 김대중 대통령은 "독서는 정독하되, 자기 나름의 판단을 하는 사색의 시간이 필요하다. 그래야 저자나 선인들의 생각을 넓고 깊게 수용할 수 있다"고 말했다.

정독이란 뜻을 새기며 자세히 읽는 것을 말한다. 글자와 낱말의 뜻을 하나하나 알아가면서 읽는 것이다. 정독은 텍스트를 읽는 데 그치는 것이 아니라 내용을 상상하면서 읽는 방법으로 천천히 머릿속으로 글의 내용을 정리하면서 읽을 수 있는 방법이다.

책을 읽을 때 우리는 읽는 대상에 따라 방법을 달리 해야 한다. 생각하고 사색하는 것을 좋아하는 사람은 정독을 통해 조금 늦더라도 천천히 깊게 읽으며 되짚어보는 방식이 적절하다. 그렇게 하다 보면, 상상에 상상이 꼬리를 물어 더 깊은 사고로 연결되는 것을 경험하게 될 것이다. 책을 읽을 때 천천히 읽는 슬로리딩을 실천하다 보면, 슬로리딩이야 말로 더 깊이 있게 사고하게 만들고, 더 오래 기억하게 하는 자연스런 흐름의 독서법임을 알게 될 것이다.

SLOW READING

04

# 정답을 찾는 것이 아니라 생각하는 것을 즐기게 한다

책을 읽는다는 것은 단순히 책을 읽고 보는 것에만 그치는 게 아니라, 책을 통해 '사람'을 만나는 것을 의미한다. 한 권의 책을 완성하기 위해서 저자는 수많은 날을 고뇌하는 시간을 가진다. 집필을 준비하는 동안 필요한 자료를 수집해서 자신의 지식과 경험을 녹이는 작업도 거쳐야 하며 내용을 다듬고 숙성시키는 시간도 가져야 한다. 이렇듯 한 권의 책이 세상에 출간된다는 건 온전히 저자의 삶을 고스란히 드러내는 과정이다. 그렇기 때문에 우리가 책을 읽는다는 것은 책 속에 있는 저자의 지식뿐만 아니라, 가치관을 포함한 저자의 인생에 대한 태도와 경험이 응축된 삶과 조우하는 것이다. 광고 카피라

이터인 저자 박웅현은 『여덟 단어』에서 "답을 찾지 마라. 인생에 정답은 없다. 모든 선택에는 정답과 오답이 공존한다. 지혜로운 사람들은 선택한 다음에 그걸 정답으로 만들어내는 것이고, 어리석은 사람들은 그걸 선택하고 후회하면서 오답으로 만든다."라고 말한다. 〈즉문즉설〉에서 법륜스님도 인생이란 정답이 없고, 선택에 따른 책임이 따르는 것이라고 이야기한다. 이는 우리의 삶 자체가 어떤 정해진 답을 쫓아가는 게 아니라 자신의 삶을 돌아보고 꿰뚫어봄으로써 통찰할 수 있는 사색의 과정임을 강조하고 있다.

『책을 읽는 사람만이 손에 넣는 것』에서 저자 후지하라 가즈히로는 독서의 가장 강력한 장점으로 다른 사람의 뇌 조각이 나의 뇌 조각과 레고 블록을 조립하듯 다양한 방식으로 연결되어 세상의 관점을 심화 확산시키는 데 있다고 한다. 그가 말하는 책을 읽는다는 것은 결국 저자의 생각이 담긴 뇌 조각이 나의 뇌 속으로 파고들어와 다양한 방식으로 연결되어 사고를 확장시키는 가능성을 높이는 과정이라는 것이다. 그에 따르면 지금까지의 사회는 주어진 문제 안에서 정답을 빨리 찾아내는 퍼즐형 인간이 각광받는 성장사회였다면, 앞으로의 사회는 문제를 해결하는 사람의 능력에 따라 얼마든지 다양한 해결 대안을 무한대로 만들어내는 레고형 인간이 중심을 이루는 성숙형 사회가 온다고 한다.

퍼즐형 인간의 경쟁력은 주어진 틀 안에서 빠른 시간 내 정답을 찾아내어 문제를 해결해나가는 정보 처리력에 좌우된다. 하지만 레고형 인간의 경쟁력은 다양한 정보를 가공, 모두가 수긍하는 답을 찾기 위해 레고 블럭들을 다양하게 조합하는 정보 편집력에 달려 있다. 21세기는 신속한 정답만을 찾기 위한 고속성장시대가 아니라, '성숙형 사회'로서 사고의 확장을 통한 이미지가 극대화되는 상상력의 시대가 도래했다.

사람들은 하루에 커피를 보통 몇 잔 마실까? 우리 집 주변 율하에는 까페거리가 있다. 왕 벚꽃 나무들이 장관을 이루는 율하천을 따라 쭉 내려가다 보면 개인 커피숍에서부터 다양한 브랜드의 커피숍들이 즐비하게 늘어서 있다. 커피를 마시고 싶은 날에는 그날 기분에 따라 장소를 선택해서 마시고 싶은 커피를 주문하면 된다. 그 중에서도 커다랗고 초록색의 세이렌 문양은 단연 눈에 띈다. 세이렌은 스타벅스 커피숍의 상징인데, 호메로스의 『오디세이아』에 등장하는 님프다. 세이렌은 아름다운 노랫소리로 지나가는 뱃사람들을 유혹해서 배를 난파시켰다. 오디세우스는 배를 타고 집으로 돌아오는 길에 세이렌의 유혹을 물리치기 위해 부하들의 귀에 밀랍을 녹여 귀를 막고, 자신은 배의 돛에 손과 발을 꽁꽁 묶어 세이렌의 유혹을 물리치게 된다.

1971년 스타벅스 커피숍이 처음 생겼을 때 스타벅스 로고에는 coffee라는 단어가 자리 잡고 있었다. 그러다 2011년 로고 때부터 Coffee라는 단어가 빠졌다. 지나가다 스타벅스 매장을 유심히 쳐다보면 알 수 있을 것이다. 그만큼

스타벅스의 그윽하면서 은은한 커피 향이 세이렌의 아름다운 노랫소리만큼이나 사람들을 제대로 유혹했다는 방증이 아닐까 한다. 물론 그 속에 커피를 좋아하는 나 자신도 세이렌의 유혹에 고스란히 넘어갔지만 말이다.

오디세우스의 밀랍이 오디세이아에서 세이렌의 유혹을 물리칠 수 있었다면, 스마트폰의 유혹에 사로잡힌 현대인들은 어떻게 유혹을 물리칠 수 있을까? 사람들은 아침에 눈뜨자마자 스마트폰으로 시작해서 밥을 먹거나 길을 걸을 때도 심지어 잠을 잘 때까지 스마트폰에 점령당한 채 멍하니 시간을 보낸다. 스마트폰의 유혹에서 벗어나기 위해서는 일상생활에서 먹고, 자고, 숨쉬는 모든 순간을 스마트폰 대신 책을 읽고 보는 환경으로 탈바꿈해야 가능해질 것이다. 그렇게 함으로서 빠른 정보에 익숙해져 정답만을 쉽고 빠르게 찾으려들기보다는 자연스럽게 생각하는 것을 즐기는 자신만의 안정적인 방향키를 부착하게 되는 것이다.

SLOW READING

05

# 꼬리에 꼬리를 무는 질문 공부

세계에서 교육열이 높기로 유명한 유태인은 1천7백만 명으로 전 세계 인구의 0.2%밖에 되지 않는다. 그런데 역대 노벨상 수상자의 22%, 아이비리그 학생의 23%, 미국 억만장자의 40%를 차지하고 있다. 유태인 부모들은 아이들의 호기심을 존중하며 이를 통해 앎에 대한 욕구를 끌어내기 위해 자녀들에게 질문을 많이 한다. 자녀 역시 질문을 많이 하도록 교육받는다. 이들에게 질문은 곧 생각하는 힘이다.

학교에서 성적이 떨어지는 것보다도 누군가가 시키는 것만 하는 것을 더 슬프게 생각한다고 한다. 또한 유태인 부모들은 자녀에게 '학교에 가서 무엇을 배웠니?' 가 아니라 '학교에 가서 무엇을 질문했니?'라고 자녀에게 묻는다. 나라 없이 세계를 떠돌아다니면서 현재 전 세계를 좌지우지하게 된 그들의 저력은 어쩌면 어릴 때부터 가정에서 시작된 '질문하는 습관'에서 비롯되었는지도 모른다. 탈무드에는 "배운 것을 100번 반복한 사람보다 101번 반복한 사람이 낫다"는 말이 있다. 질문도 마찬가지다. 10번 질문한 사람보다 11번 질문한 사람이 더 낫다는 것이 전 세계를 움직이는 유태인들의 생각이다.

우리는 때때로 어떻게 살아야 잘 사는 삶인가? 어떤 삶이 성공한 삶인가? 끊임없는 의문들로 인해 의구심이 생기기도 한다. 이런 의문들이 내면에 누적되어 갈 때면 그에 대한 해결책을 찾기 위한 대중적인 방법으로 독서를 하게 된다. 『죽음의 수용소에서』의 저자 빅터 E. 프랭클은 "산다는 것은 바로 질문을 받는 것"이고 "삶에 책임지고 답변하는 것"이라고 말했다. 사람들은 책을 통해 책 속에서 갑갑한 마음을 달래고 해답을 구하고자 독서를 한다. 하지만 책을 읽는다고 해서 책이 문제들을 다 해결해주는 것은 아니다. 단지 책 속에서 작은 희망의 불빛을 발견할 때 위로를 얻는다.

소크라테스는 "모든 사람의 마음에는 태양이 있는데, 질문을 통해 이 태양을 떠오르게 해야 한다."라고 역설한다. 소크라테스는 질문적 철학, 즉 산파술로 매우 유명한 철학자로서 그가 말하는 이 질문법은 생각의 꼬리에 꼬리를 물어 타인의 생각과 자신의 생각을 비교 분석해가며 생각의 근본을 찾고자 하는 방법이다. 이런 방식으로 책의 저자와 대화를 해가며 자신의 생각을 하나하나 정리한다면 무수히 많은 것을 배울 것이다. 질문의 과정 즉 질문을 통해 자신의 궁금증과 해답을 찾아가는 과정들은 독서의 또 다른 묘미가 아닐까 싶다.

모교에서 전공 3학점짜리 사회문제론을 강의할 때였다. 강의할 때 중간중간 학생들의 집중도를 높이기 위해 궁금한 것이 있으면 질문을 하라고 한다. 만약 학생들이 질문을 하지 않으면 이해를 하는지, 못 하는지 질문을 통해 체크를 하기도 한다. 사실 질문을 한다는 건 자신이 어떤 것을 모르는지를 스스로가 안다는 의미이다. 우선 자신이 무엇을 모르는지를 알게 되면 배울 수 있고, 배움으로서 성장하게 된다. 사실 강의를 하면서 질문을 하게 된 것도, 수업을 연속적으로 하다 보면 학생들이 옆에 있는 사람과 이야기하느라 집중도가 흐려질 때가 있다. 그럴 경우 자칫 방관하고 넘어가게 되면 전체적인 분위기를 흐리게 된다. 그래서 집중도를 끌어올리기 위한 방편으로 질문을 시작하게 된 것이다. 그런데, 이상한 건 내가 학교에 다녔을 때는 주입식 교육이 대세라 대체적으로 자발적인 질문과 자신을 표현하는 게 서툴렀지만 여전히 지금 공부하고 있는 학생들도 그때의 우리 세대처럼 한숨을 내쉬거나 고개를 숙이면서 입을 닫아버린다는 사실이다. 간혹 타과 학생이 수업을 듣다 질문을 하게 되면, 다른 주변 학생들 모두의 불편한 시선을 한몸에 받게 된다. 그러면 다음번에 그 학생은 되도록 질문을 하지 않게 되는 경우로 발전하게 된다. 사실 우리가 무엇인가 의문이 생겨서 질문을 하게 되면, 그 질문에 대한 답을 통해 새로운 지식, 앎을 알아가는 통로로 들어서는 첫발을 내딛게 된다.

그런데도 대부분의 학생들이 마음 편하게 질문을 하지 못하는 이유는 무엇일까? 이는 아직까지도 우리 세대와 비슷하게 질문하는 것보다 받아들이는 방식에 익숙해진 탓일 것이다. 질문을 한다는 건, 우선 자신이 궁금한 것이 무엇인지에 대해 생각부터 해야 한다. 생각을 해야만 자신이 어떤 게 궁금하고, 배우는 목표가 무엇인지, 어떤 걸 알아야 하는지에 대한 질문이 생긴다. 그런데 이런 것들에 대해서 구체적으로 생각을 하지 않는다면 질문 또한 어렵게 된다. 질문을 통해 사색의 힘을 기를 수 있는 기회를 타인의 시선 때문에 매 순간 놓치게 된다면 자신을 한 단계 더 성장시킬 수 있는 기회를 놓치는 것이다.

우리가 질문을 할 수 있는 깊이 생각하는 힘을 키우기 위해서는 책을 통해 자신을 성장시킬 필요가 있다. 책을 읽었다면 반드시 깊이 있는 사고를 통해 저자가 의도한 바를 파악하고 저자의 생각을 뛰어넘을 수 있어야 한다. 그렇게 해야 진정한 자신의 성장에 도움이 될 것이다. 깊이 있는 생각은 질문을 통해 구체화된다. 특히 책을 읽는 내내 저자에게, 스스로에게 끊임없이 질문을 해야 한다. 질문을 하다 보면 생각 자체도 단편적인 정보, 지식 위주가 아니라, 체계적으로 깊이 있는 사고를 할 수 있게 된다.

미하일 칙센트마이는 『최고의 석학들은 어떤 질문을 할까』에서 "가장 중요한 건 문제 해결이 아니라, 그 문제에 대해 의문을 갖고 있느냐 같습니다. 나는 왜 지금 이걸 하고 있지? Why am I doing this?"라고 말한다. 우리가 답을 찾고 해결법만을 찾으려다 보면 점점 그 답에 대한 질문이 뭐였는지에 대해서는 제대로 생각을 하지 않게 된다. 그러다 보면 정작 중요한 과정인 질문보다는 결과인 답 찾기에만 치중하는 결과를 낳는다.

큰아이와 작은아이를 키우면서 늘 아이들에게 문제 속에 답이 있으니 답을 찾으려고 애쓰기보다는 문제를 꼼꼼하게 읽어서 문제 속에서 답을 유추할 수 있는 팁을 찾아야 된다고 말을 한다. 사실 문제나 질문들은 단순히 모르는 것에 대한 답을 요구하는 것이 아니라 질문을 통해 미처 알지 못했던 것을 발견하게 하거나, 질문으로 생각을 끊임없이 하도록 만든다. 다양한 독서 활동 중에서 책을 읽거나 읽고 나서 생각을 하게 하는 가장 확실한 방법은 '질문'이다.

질문 즉 좋은 발문은 아이들에게 보다 능동적인 책 읽기를 가능하게 하고 생각을 보다 깊이 있게 하도록 만든다. 그냥 지나칠 수 있었던 단어나 문장

등을 다시 읽어보고 의미를 되새겨 보는 것이 발문의 목적이다. 질문을 받게 되면 아이나 어른 모두 긴장을 하게 되고, 아는 답인데도 고민을 한 번쯤 하게 만든다. 아이들에게 '어떻게 하면 좋을까?'라는 질문은 책 읽기, 공부, 놀이 등 모든 활동들에서 유용하게 사용할 수 있는 말이다. 어떤 일에 있어서 '했니?, 안 했니?'와 같은 질문들은 '예, 아니오'란 단답식의 답만을 요구하지만, '어떻게 하면 좋을까?'라는 열린 질문은 아이가 답을 이야기할 때 좀 더 구체적으로 설명하게 만드는 질문이다.

'책 읽기가 싫을 땐 어떻게 하면 좋을까?'
'어떻게 하면 공부를 좀 더 재미있게 할 수 있을까?'

아이들은 책을 읽을 때 궁금한 것이 생기면 누가 시키지 않아도 본능적으로 호기심 때문에 꼬리에 꼬리를 물 듯 자연스럽게 질문을 하게 된다. 이 연결된 질문을 통해 그 다음에 읽게 될 책에서도 계속 질문을 하게 된다. 만약 아이가 질문을 하지 않고 책을 읽는다면 책 속에서 만날 수 있는 다양한 경험과 새로운 세계를 만날 수 있는 기회를 놓치게 된다.

아이가 책을 읽을 때는 반드시 책의 저자에게 질문을 하게 한다. 이때 저자와는 다른 아이만의 사고로 책의 내용에 대해 질문을 하게 되면 아이는 책의 내용을 짧은 시간에 이해하면서도 제대로 읽게 된다.

책을 읽을 때 질문을 통해 제대로 읽게 되면, 그 질문은 하나의 씨앗이 되어 뿌리를 내리는 독서로 연결이 되고, 튼튼한 뿌리는 줄기로 에너지를 보내서 꽃이 피고 열매를 맺게 하는 꼬리에 꼬리를 무는 질문 공부가 완성될 것이다.

SLOW READING

06

# 양의 독서에서 질의 독서로 바꿔라

옛날 사람들은 모두 슬로 리더였고, 슬로 리스너였다. 개인적인 경험에 비추어볼 때 무작정 많이 읽거나 시험 준비로 속독을 한 책은 내용조차 제대로 기억하기 어렵다. 이런 일들은 때때로 무의미하고 낭비를 한 것 같은 기분이 든다. 앞으로는 지금보다도 더 많은 대량의 정보가 넘쳐날 것이며, 아무리 우리가 그 모든 정보를 다 받아들이려고 노력하더라도 총망라할 수 없을 것이다. 또한, 독서를 양으로 승부하는 시대는 더더욱 아니다. 아무리 책을 열심히 읽고, 시간을 아껴가며 끊임없이 공부를 하더라도 세상의 모든 지식을 습득하는 것은 불가능하다. 옛사람들이 강조하던 '하나를 가르치면 열을 깨달는다.'라고 하는 질적인 공부, 질적인 독서가 절대적으로 필요한 시대가 도래했다.

책을 읽을 때는 천천히, 하나하나 되새기면서 완벽하게 이해하고 분석하여 자기 것으로 만들어야 한다. 그렇게 만든 지식이 차곡차곡 누적되면, 그것을 통해 미처 다 읽지 않더라도 내용을 알 수 있게 된다. 그런 깨달음을 통한 앎의 세계를 늘려가는 독서, 책 읽기가 '하나를 알면 열을 깨치게 되는' 슬로리딩 독서법이다. 따라서 진정한 독서란 주변의 시류에 휩쓸리지 않고, 자신의 페이스에 맞추어 무리가 되지 않는 범위 내에서 이루어져야 한다. 또한 쫓기듯이 양으로 승부하는 독서에서 깨달음을 통한 질적인 독서 즉, 슬로리딩으로 자신만의 독서 스타일을 정립할 필요가 있다.

슬로리딩은 바쁜 직장생활을 하면서도 자투리 시간을 내어 조금씩 실천할 수 있는 독서법이다. 출근해서 업무 시작 전 몇 분 동안, 점심 식사 후 남은 시간, 화장실 등 특별한 장소나 시간에 구애됨 없이 언제든 '본연의 내 자신'과 마주하는 시간으로서 끊임없이 사색을 하게 한다. 슬로리딩으로 책을 읽게 되면 시간에 쫓기듯 불안하게 서둘러 읽어야 하는 중압감에서 벗어나 편안한 상태에서 읽을 수 있고 직장생활에도 도움이 된다. 슬로리딩으로 독서의 비법을 익히게 되면, 저자가 어떤 점에 주안해서 책을 집필하고 어떤 점을 주의해서 읽어야 하는지 독자가 알 수 있기 때문에, 업무에 필요한 자격증시험이나 그 외 각종 시험에도 유용하다.

우리는 살아가면서 되고 싶은 꿈이 여러 번 바뀌기도 하면서 새로운 자신만의 꿈을 찾아가게 된다. 어릴 때는 작가, 화가가 꿈이었지만 막상, 대학 선택을 해야 할 때는 주변에 자기 꿈을 이룬 사람이 없었다. 어떤 과정을 통해서 꿈을 이룰 것인지 막연했다. 그래서 성적과 현실이라는 고리를 감안하여 법대를 지원했는데, 보기 좋게 낙방했다.

우리 세대는 지금처럼 여러 곳에 응시할 수 있는 수능 세대가 아니라 학력고사 세대이다. 먼저 원하는 대학에 지원하고 그 대학에 가서 시험을 치렀다. 지금도 시험에 운이라는 게 작용하지만 우리 때는 "운"이 작용을 많이 했다. 좋은 대학임에도 미달이라는 사태가 벌어지기도 하고, 별로 그렇게 좋은 대학이 아닌데도 떨어지기도 하고, 붙을 사람은 떨어지고 떨어질 사람은 붙기도 하는 기이한 일이 벌어지기도 했다. 그때 북마산 밑에 있는 입시학원에서 재수를 시작했다. 하지만 얼마 지나지 않아 공부해봤자 들어간다는 보장도 없고, 막상 또다시 공부를 하려니 공부도 하기 싫어졌다. 그리고 입시학원에서 낯선 사람들과 함께 공부하고 다시 시작해야 하는 상황이 숨이 막히도록 싫었다. 결국 등록했던 전문대에 도피하듯이 다녔다. 왜? 사람이 하기 싫다고 멀리 도망가봐야 어쩔 수 없이 후회하며 되돌아오는 도돌이표가 되는 것처럼, 이상과 현실 사이의 괴리에서 오는 실망감은 나로 하여금 학교생활에서 아웃사이더로 맴돌게 했다. 아웃사이더.

학교 수업도 거의 듣지 않고, 땡땡이치기 일쑤며 아침에 등교 대신 만화방으로 직행하는 난 누가 봐도 아웃사이더였다. 학점도 거의 유급당하기 직전 1.7에서 왔다 갔다 했다. 지금 생각해보면 그 당시 입시에서 낙방했다는 패배의식에 젖어 거의 자포자기한 모습이었다. 그러다 졸업을 하게 되었고 주변사람들은 취직이니 뭐니 하며 바쁘게 움직이는데 나만 덩그러니 전혀 준비되지 않은 채 남았다. 이도 저도 아닌 입시 낙방 했던 그때 그대로 멈춰 있는 내가 보였다. '이러려고 부모님 고생시키고 있는 거니? 네 인생 그냥 그렇게 아무생각 없이 살고 싶니? 이게 네가 꿈꾸는 너의 모습이니?' 그런 생각이 들자 덜컥 겁이 났다. 그 순간 이렇게 살고 싶지 않다는 생각에 정신이 번쩍 들었다.

얼마 뒤, 졸업을 하고, 편입시험을 보겠다며 집에 말씀을 드렸다. 그 당시 편입시험이 지금처럼 보편화되어 있는 게 아니라 어렵다는 걸 엄마도 아시기 때문에 단번에 내 고집을 꺾으려고 했다. 엄마는 "내 눈에 흙이 들어가기 전에는 네가 시험에 붙는 일은 없을 거다." 쓸데없는 일에 힘 빼지 말라며 반대를 하셨다.

지금까지 자라면서 처음으로 엄마에게 큰소리로 대들었다. "어떻게 엄마가 딸에게 그런 말을 해요? 도대체 엄마에게 내가 딸이 맞긴 맞아요? 두 번 다시 엄마에게 안 올 거니깐 그렇게 아세요."라고 모진 소리를 내뱉고는, 뒤돌아서서 울면서 나왔다. 그런데 막상 갈 곳이 없었다. 추운 2월에 친구 자취방에서 눈치를 보며 공부했다. 돈을 벌어본 적도 없고 부모님께 용돈 받아 생활하던 내가 고등학교 졸업하고 처음으로 공부를 다시 시작했다. 막막했지만 되돌릴 수도 없었다. 꼭 아시시의 성 프란시스코처럼 내 자신을 위한 무한한 사명감으로 똘똘 뭉쳐선, 추운 날씨도 오기로 버텼다. 거의 한 달이 다 되어갈 즈음 몸에 이상이 느껴졌다. 끝도 없이 나오는 기침에 눈앞이 핑 도는 열감까지 독감이려니 했는데 나중에 알고 보니 결핵이었다. 열이 40도 가까이 오르니 어지럽고 가래며 기침이 숨을 못 쉴 정도로 심했다. 태어나서 그렇게 기침을 많이 한 적이 없으며, 가슴 속에서는 컹컹 소리가 나는 것처럼 고통스러웠다. 해열제를 먹어도 열은 떨어지지 않고, 얼굴은 누렇게 병색이 짙었다.

그때 친구의 자취방으로 전화가 왔다. 엄마였다. 수화기 너머 엄마 목소리가 들렸다. 아프기도 아프지만 이상하게 목이 매여 아무 말도 할 수가 없었다. "엄마가 미안하다. 엄마가 잘못했다. 지금 있는 곳이 어디니? 집에 들어와라. 아프다면서 지금 엄마가 택시 타고 갈까?"라고 말씀하시는데 순간 바보처럼 눈물이 줄줄 흘렀다. 지금 생각해봐도 그때의 난 더 이상 물러설 곳이 없어서 그랬는지 참 모질고 독했다. 원래부터 허약체질에다 약골이던 내가 그때 이후 몸이 더 약해졌다. 하지만 재미있는 건 만화방에서 2년 넘게 봐온 만화

책이나 소설책들이 시험을 치르기 위해 준비하는 과정에서 심적으로 날 꽉 잡아주는 버팀목으로 작용했다는 사실이다. 많은 것들을 다 보려고 욕심내기보다는 내가 보려고 선택한 것을 중심으로 시험출제자가 된 기분으로 문제와 관련된 단어, 문장, 이미지까지 하나도 놓치지 않으려고 애썼고, 영한사전과 영영사전도 거의 통째로 외우다시피 하며 공부를 했다. 지금 생각해보면 그때가 내 생애 최고로 공부를 열심히 했던 시절이었던 것 같다. 눈 뜨자마자 밥 한 주걱에 반찬 한 가지를 싸서, 학원까지 20분 넘는 거리를 걸어서 왔다 갔다 했다. 학원 수업이 끝나면 저녁 9시 넘어서까지 공부를 하다 다시 걸어서 집으로 오는 생활을 4개월가량 했다. 그렇게 해서 내가 원하는 대학을 들어가게 되었고 석사, 박사까지 이어서 하게 되었다. 그때 면접시험에 교수님께서 '지금까지 읽은 책 중 인상에 남은 책은 무엇입니까?'라는 질문을 하셨다. 난 헤르만 헤세의 『데미안』이라고 이야기를 했다. 지금 면접을 보는 것도 내가 가고자 하는 세상으로 나서기 위한 과거의 틀을 깨는 과정이라며 성 프란시스코 마냥 자신 있게 말했던 기억이 난다.

히라노 게이치로는 『책을 읽는 방법』에서 속독은 '내일을 위한 독서'라고 말한다. 속독은 다음 날 회의를 위해 속독술로 대량의 자료를 읽어내고, 사회면 신문을 통해 바쁜 아침 시간에 신문을 죽 훑어보는 것이다. 그에 반해 슬로리딩은 '오 년 후, 십 년 후를 위한 독서'이다. 슬로리딩은 오늘 혹은 내일 바로 효과를 내는 것은 아니다. 하지만 긴 안목으로 보았을 때 한 사람의 인간적인 깊이를 더해주고, 진정으로 자신에게 꼭 맞는 교양을 제공해줄 것이다.

우리가 한 권의 책을 읽고 나면 분명히 무엇인가 남는 것이 있어야 한다. 그것이 한 가지이든 여러 가지든 간에 내 삶에 변화를 줄 수 있는 것이어야 한다. 만약 읽긴 읽었지만 내 삶에 아무런 자극이나 변화도 주지 않는 책 읽기라면 하루에 몇 권을 읽든 몇십 권을 읽든 그건 단지 활자를 눈으로 읽는 것에 그치고 말 것이다.

우리는 책을 읽을 때 질적인 부분이 아니라 양적인 부분에 초점을 잡아서는 안 된다. 왜냐면 우리가 사는 이 세상에는 책이란 형식으로 만들어지는 물건들이 너무나 많기 때문이다. 아무리 애를 써서 온 정성을 다하여 책을 읽더라도 셀 수 없이 많이 쏟아지는 책들을 다 읽을 수는 없다. 그렇기 때문에 우리가 집중해야 할 것은 세상에 책의 형식으로 나오는 모든 것들을 양으로 승부하는 것이 아니라 질적인 독서로 관점을 전환해서 읽어야 함을 염두에 둬야 한다. 책을 얼마나 관심 있게 집중해서 읽었는지, 책 속의 내용이 자신의 삶에 어떤 변화를 야기시키는지 생각해야 한다. 아무리 많은 책을 읽어도 자신의 삶을 긍정적인 방향으로 이끌지 못한다면 그 책은 활자에 불과하지 그 이상도 그 무엇도 아닐 것이다. 그렇기 때문에 책을 읽을 때는 양적인 부분에 치중하기보다는 질적인 독서를 통해 자신을 한 단계 더 성장시키는 과정들이 꼭 필요하다.

SLOW READING

07

# 슬로리딩, 생각의 근육을 단련시킨다

우리는 왜 책을 읽는가? 사람마다 이유야 다르겠지만, 대부분의 사람들은 잘 살기 위해서, 성공하기 위해서, 행복해지기 위해서라고 대답할 것이다. 책은 장르에 상관없이 읽다 보면 그 속에서 힐링도 하고 의사소통도 하면서 사람을 긍정적으로 만든다.

『에이트』에서 이지성은 우리나라 국민 평균 독서량이 세계 166위라 한다.(2015년 UN발표 기준) 게다가 우리의 독서문화는 '단순히 눈으로 읽는' 정도이며, 이조차도 제대로 하지 않고 있다고 한다. 사실 대부분의 우리나라 사람들은 중·고등학교 다닐 때까지 교과서 중심으로 책을 읽고 공부를 했지, 교과서 이외의 책을 제대로 본 적이 거의 없다. 내가 고등학생 때도 아침 자율학습 시간에 선생님은 교탁 앞에서 우아하게 책을 읽고 계셔서 우리는 마지못해 자습을 하곤 했던 기억이 생생하다. 그때 나는 선생님이 책 읽는 모습이 너무 부러워서, 그 다음 자습시간에 교과서 앞에 책을 몰래 놓고 보다가 그만 선생님께 들켰다.

선생님은 "너, 지금 한가하게 소설책이나 보고 있니? 소설책은 대학 가서나 봐."라며 야멸차게 책을 뺏었다. 그 당시 부끄럽고 무안해서 벌겋게 상기된 채 고개를 푹 숙였다. 마음속으로는 '대학 안 가면 책도 못 보나? 대학생만 사람이고, 고등학생은 사람도 아닌가?' 불만이 가득했다. 반발심은 생기는데, 어떻게 할 수가 없어서 볼펜심으로 연습장만 꾹꾹 눌렀다.

그런데, 이상하게도 안 된다고 하니, 더 읽고 싶어졌다. 그날 이후 짬짬이 몰래 읽다 들켜선 책을 뺏기기도 하고, 교무실로 불려가기도 했다. 하지만 지금 생각해보면 그때는 책을 읽는 것이 마냥 좋았다. 책을 읽고 있으면 숨 막히는 현실을 잊을 수 있어 좋았고, 교과서가 아닌 다른 책을 읽고 있는 나 자신이 마치 프랑스의 영웅 잔다르크가 된 것 같아서 신났다. 현실에서 볼펜을 잡고 노트에 기록하는 나는 갑옷을 입고 손에 칼을 쥔 채 용감하게 전쟁터를 뛰어다니는 '잔다르크'의 우리나라 버전처럼 말이다.

그때, 중학교 3학년 때 읽었던 『데미안』을 다시 읽었다. 중학교 때는 데미안의 내용이 재미가 없고 어렵게 느껴져 대충 읽었다. 그러나 자율학습 시간에 읽는 데미안은 신세계였다. 『데미안』에서 헤르만 헤세는 "새는 알에서 나오려고 투쟁한다, 알은 하나의 세계다. 태어나려는 자는 하나의 세계를 깨뜨려야 한다."라는 주옥같은 명언을 들려주었다. 태어나려는 자는 '나', 하나의 세계는 '고등학교 3학년 현실'을 투영하고 있었다. 그 구절은 세상에 대한 불만, 정체성의 혼란으로 힘들어하는 나를 위한 구원의 말이었다. 지금 생각해봐도 『데미안』의 주인공인 싱클레어의 방황과 고뇌는 성장 과정의 나의 모습과 많이 비슷하다. 이런 과정들을 통해서 자아가 확립되고 사고가 단단해진다.

나는 혼자 있기를 좋아하고 방콕한 채 책 읽기를 즐긴다. 마음이 심란하거나 스트레스로 지칠 때면 어김없이 책을 읽는다. 주변에 지인들은 친구를 만나 수다를 떨거나, 맛있는 음식을 먹는 걸로 스트레스를 푼다. 하지만, 나는 여러 사람과 장시간 이야기를 하다 보면 지쳐서 더 가라앉게 된다. 그럴 때면 마음을 가라앉히고 생각을 비워줄 수 있는 책을 선택해서 읽는다. 고등학교 때 로빈 윌리엄스 주연의 〈죽은 시인의 사회〉라는 영화를 감명 깊게 봤다. 영화 속에서 로빈 윌리엄스는 키팅 선생으로 나온다. 첫 수업시간에 '카르페디엠', '지금 현재를 즐겨라'는 말을 한다. 영화 속의 장면이었지만, 그때 키팅 선생의 모습을 통해 잔잔한 울림이 전해졌다. 영화 속에서 학생들은 '죽은 시인의 사회'라는 비밀 클럽을 만든다. 모임 자리에서 데이빗 소로우의 『월든』 중에서 "내가 숲으로 들어간 이유는 나의 의지대로 살기 위해서, 오직 삶의 근본적인 실제만을 접하고 거기서 교훈을 얻을 수 있을지 알아보며, 죽을 때 인생을 제대로 살지 못했다는 사실을 깨닫지 않기 위해서이다."라는 구절을 낭독한다. 이 구절에서 나는 숲이란 존재를 통해 자신만의 세계를 묵묵히 걸어가는 소로우의 모습이 상상이 되었다. 영화를 본 다음에도 그 여운이 가시지 않아 『월든』을 찾아서 읽었다. 저자인 데이빗 소로우는 '월든'이라는 호숫가에 도끼 하나만 들고 들어가서 자급자족하는 생활을 담백하게 이야기한다. 월든은 현실에서 많이 가지려는 욕구로 경쟁을 부추기는 구도가 아니다. 오롯이 자신의 의지대로 자연과 조화롭게 살아가는 작가 소로우의 모습이 너무 담백했고 매력적이었다.

그 이후, 머릿속이 복잡하게 꼬일 때면 생각을 비우기 위해, 책장에 꽂혀 있는 『월든』을 일주일에 걸쳐서 천천히 읽곤 하였다. 고등학생 때는 막연히 '현실을 벗어나서 살 수만 있다면 소원이 없겠다.'라는 도피성 느낌이 강했다면, 다시 읽는 『월든』은 친정집 같은 편안함이 느껴졌다. 어릴 때 느꼈던 '어떤 구속도 없는 자유로운 감성' 말이다. 지금은 관계 속에서 대화할 때 생각을 곱씹어서 해야 하는 경우가 다반사이다. 그런 사회적 관계에 지쳐 있을 때 월든은 자유롭게 나만의 생각에 집중해도 괜찮다고 토닥여주는 친구이다. 온전히 나의 생각에 집중하며 태초의 '나'를 만나서 생각을 키워주는 것은 책 읽기를 통해서이다.

가끔 지인들 중 '책을 많이 읽으면 헷갈리지 않나요?'라고 묻는 사람이 있다. 그럴 때면 이전에는 내 목소리로 답을 해줬다. 하지만 지금은 파트리크 쥐스킨트의 『깊이에의 강요』에 나오는 구절로 대답을 대신한다. "독서는 서서히 스며드는 활동이며, 의식 깊이 빨려들기는 하지만 눈에 띄지 않게 서서히 용해되기 때문에 과정을 몸으로 느낄 수 없을지도 모른다."고 답해준다. 사실, 지금도 그렇지만 책을 읽을 때면 중요한 부분에 밑줄도 긋고, 모서리를 접기도 하면서, 잊지 않으려고 노력한다. 하지만, 쥐스킨트의 말처럼 책의 내용을 잊어버린 듯해도 독서 과정에서 자신도 모르게 서서히 자신에게 스며들게 된다. 우리가 생각하고 있는 의식적인 측면에서 떠오르지 않더라도 의식적인 측면 아래에서 삶을 받쳐주는 근간이 되어준다는 것이다. 이렇듯 삶을 살아가는 데 중요한 뼈대를 지탱해주는 근육인 독서는 생각의 근육을 키워준다.

생각의 근육을 키우기 위해서는 사고를 깊이 있게 하는 슬로리딩을 해야 한다. 우리는 나이가 들면서 사람에게 근육이 얼마나 중요한지를 깨닫게 된다. 나는 작년 3월에 추간판 탈출로 인해 허리디스크 시술을 연달아 두 번이나 했다. 15년 가까이 어린이집을 운영하면서 병가로 보름 가까이 자리를 비운 적은 처음이다. 동료 교사들에게 불편을 끼치기 싫었고, 자기 관리가 제대로 안 되는 원장이란 이미지를 심어주는 것도 싫었다. 그러다 보니 미련하게 가까운 동네병원에서 치료를 받다 그만 병이 악화되고 말았다. 디스크 시술이 끝난 뒤에도 여전히 계속되는 통증에 물리치료, 도수치료를 병행했다. 치료해주던 물리치료사, 담당 의사 모두 한결같이 말하기를 '근육을 키우세요. 허리 쪽에 근육이 하나도 없어요.'라고 했다. 그때까지 나는 바쁜 생활 탓에 운동을 할 시간이 없었다. 그 흔한 피트니스 센터 한 번 다닌 적도 없다. 근육이 왜 중요한지 따로 고민해본 적도 없이 앞만 보며 살았다. 그런데 본의 아니게 다리를 절뚝거릴 정도로 허리며 다리가 아파서 종합병원에 갔다. 병원에서는 허리시술을 해도 절뚝거리는 게 완전히 낫지 않을 거라는 청천벽력 같은 소리를 했다. 나의 부주의로 영구적인 장애가 남는다고 하니 가슴이 철렁 내려앉았다. 선택의 여지없이 그날 바로 입원을 하고 다음 날 시술을 받았다. 그런데 이 모든 게 근육 부족 때문이란다. 도대체 근육이 무엇이길래 멀쩡하던 다리에 장애를 남길 수도 있다고 하는지 의문이 생겼다.

근육은 우리 몸에 약 600여 개가 있으며, 체중의 거의 40%를 차지할 정도로 많은 비중을 차지한다. 기본적으로 근육은 신체와 골격을 유지시켜주고 건강에서 가장 중요한 혈액, 에너지원, 호르몬을 공급하고 저장하기 때문에 건강의 원천이라고도 한다. 근육을 유지하고 키우기 위해서는 꾸준히 운동을 하고 힘들게 느껴지는 순간을 견뎌내야 한다.

이처럼 사람들에게 몸의 근육이 중요한 것처럼 생각의 근육도 매우 중요하다. 생각의 근육이 중요한 까닭은 생각의 근육이 튼튼해야만이 어떤 문제가 발생하더라도 그 문제를 깊이 있게 다양한 관점에서 바라볼 수 있는 힘이 생기기 때문이다. 또한 오래 생각할 수 있게 하며, 올바른 분별력과 통찰력을 얻을 때까지 지속적으로 생각할 수 있게 한다. 생각의 근육이 견고할 때에 비로소 우리는 다른 관점으로 생각할 여유가 생긴다.

『정신과 의사의 서재』에서 저자 하지현은 "독서를 통해 마음의 코어(중심)가 강화되는 경험은 결국 자기 스스로가 깊어지고 넓어지는 과정"이라고 말한다. 책을 통해 자기 내면에 지식과 정보를 다양하게 쌓다 보면 세상을 이해하는 깊이와 폭이 넓어지는 생각의 근육이 단련된다. 사람은 사회적 동물이다. 이 말은 사회적 관계를 맺는다는 것으로서 관계 속에서 사고하며 살아가야 됨을 의미한다. 하지만 현실은 도무지 생각할 틈을 주지 않는다. 오늘을 살아가는 우리들에게 있어서 가장 어려운 일은 생각하는 일이 되어버렸다. 메모 기능을 대신하는 스마트폰으로 인해 전화번호를 외울 필요도 없고, 간단한 계산조차 스마트폰에 있는 계산기에 먼저 손이 간다. 궁금하거나 모르는 질문들도 바로 즉석에서 스마트폰으로 해결을 하니, 점점 생각하는 것과는 거리가 멀어진다. 우리가 생각을 한다는 것은 곧 우리가 살아 있다는 증거이다. 따라서 사회적 관계 속에서 사람들과 행복한 삶을 살기 위해서는 생각의 근육을 키우는 것이 중요하다. 특히 몸의 근육을 키우기 위해 헬스장에 가서 트레이너의 지도를 받듯이 생각의 근육을 키우기 위해서는 슬로리딩을 통해서 책을 깊이 있게 읽는 것이 필요하다.

SLOW READING

2장

# 슬로리딩, 모든 공부의 시작이다

"인생에서 모든 공부는 책 읽기로 통한다.
인간은 같은 일을 반복하다 보면 유창해진다.
그러므로 빨리 읽으려 애쓰지 않더라도 책을 꾸준히 읽다 보면
저절로 독서 속도는 빨라지게 되는 것이다."

SLOW READING

01

# 슬로리딩, 모든 공부의 시작이다

책 읽기를 근간으로 모든 공부는 시작된다. 일선 초등학교 교사들이 쓴 책들을 보면 공통적으로 하는 말이 '초등학교 때 공부를 잘하지 못해도 독서를 꾸준히 한 아이들은 중학교, 고등학교에 가서는 상위권으로 치고 나가는 저력이 있다'는 말을 한다. 이 말은 꼭 교육 관련 일을 하지 않더라도 독서의 긍정적인 부분들이 점점 부각되고 있는 사회적인 분위기에서도 그 의미를 알 수 있다. 독서는 기초 체력을 키워준다. 지금 아이들 시기에 어른이 되어서도 수십 년간 계속적으로 쓸 수 있는 기초 체력을 키우는 게 중요하다. 『초등 1학년 공부, 책 읽기가 전부다』에서 저자 송재환은 기초 체력인 책 읽기의 중요성에 대해 다음과 같이 말한다. "책 읽기를 열심히 하는 아이들은 당장 좋은 성적은 못 받더라도 결국 승자가 되며, 이와는 반대로 책 읽기를 게을리하는 아이들은 당장 공부를 잘하는 것처럼 보여도 기초 없는 모래성을 쌓는 것에 불과하다."

그가 말하는 책 읽기가 빠진 공부는 지금 순간에는 잘하는 것처럼 보여도, 언젠가 한계에 부딪힐 것이며, 공부는 책 읽기 그 이상도 그 이하도 아니라는 의미가 내포되어 있다. 따라서 부모는 아이가 어릴수록 올바른 책 읽기 습관을 길러주어야 하며, 오래오래 쓸 수 있는 평생 공부 습관을 잡아주는 게 바람직하다.

사이토 다카시의 『독서는 절대 나를 배신하지 않는다』를 서점에서 봤을 때 기존에 가지고 있던 독서 관련 책들의 묵직한 이미지들과는 달리, 파스텔 톤의 다양한 색감을 입은 책들이 높다랗게 쌓여 있는 듯한 이미지가 너무 신선하게 다가왔다. 더군다나 제목 아래 '서른 살 빈털터리 대학원생을 메이지대 교수로 만든 공부법'이라는 부제가 한눈에 꽂혔다. 『내가 공부하는 이유』라는 이전 저서와 궤를 같이할 뿐 아니라 공부의 완결판 같은 부제에 호기심이 커졌다. 『독서는 절대 나를 배신하지 않는다』에서 사이토 다카시는 "만약 당신이 다른 사람들보다 한 발 앞서 트렌드를 파악하고 시대를 읽을 수 있는 통찰력을 가지고 싶다면 서점에 가서 신간과 베스트셀러를 꼼꼼히 살펴봐야 한다"고 말한다. 이는 서점하면 새로운 트렌드로 등식이 성립되는 것을 뜻한다. 서점은 내가 필요로 하는 책 한 권을 구입하고 잠시 머물면서 읽는 장소의 제공뿐만 아니라 여러 종류의 책들이 모여서 새로운 시너지의 트렌드 가치를 뿜어내는 곳이기도 하다. 또한 나에게 있어 서점은 새로운 삶의 의미를 찾을 수 있고, 힐링할 수 있는 아지트라는 점에서 의미심장한 곳이다. 요즘 사람들은 스마트폰이나 전자북, SNS 등 다양한 매체를 통해 필요한 정보를 즉석에서 구한다. 하지만 내가 학교 다녔던 시절에는 사전이나 책, 신문, 잡지와 같은 종이 매체를 통해서만 자료를 구할 수 있었다. 『종이책 읽기를 권함』에서 저자 김무곤은 종이책은 '무한 에너지'를 가진 매체로서 충전시키지 않아도 되고, 콘센트에 꽂지 않아도 볼 수 있는 장점이 있는 매체라고 설명을 한다.

90년대 초 한때, 최불암 시리즈, 덩달이 시리즈가 유행했던 적이 있다. 처음에 친구들이 최불암 시리즈를 이야기할 때, 난 그게 사실인 줄 알고 '정말 그랬단 말이야? 와~ 웃긴다.' 라며 진심으로 감동하고 믿었다. 그런데 그게 한 번 두 번 되풀이 되면서, 아무래도 뭔가 이상했다. '뭐야? 진짜 사실인 거 맞지?'라며 미심쩍어서 따져 물었더니 '그냥 이야기'인데 라고 한다. 그냥 웃기는 이야기를 단순히 들려준 거뿐인데, 듣는 내가 너무 진지하게 받아들여서 자기들이 더 재미있었다고 했다. 그때 나는 무안해서 내색하지도 못했지만 유머를 유머인 줄도 모르고 사실로 받아들였던 눈 뜬 장님이 된 기분이었다.

본의 아니게 놀림감이 된 나는 나만의 소심한 복수를 하기로 마음을 먹었고 서점에 가서 최불암 시리즈를 샀다. 그리고는 친구들이 '야~ 그만해 지겹다. 하나도 안 웃겨.'라고 진저리를 칠 때 까지 아재개그같은 이야기를 끈질기게 들려줬다. 참 소심한 행동이었고 지금 생각해보면 피식 웃음밖에 나오지 않지만 그때는 세상 무엇보다 진지했다. 그때 내가 곧잘 써먹곤 했던 최불암 시리즈 에피소드 중 아직도 기억에 남는 것이 있다. 금동이가 텔레비전을 보고 있었다, 최불암이 금동이에게 와서, "독수리 5형제 틀어봐!" 하니까, 금동이가 "독수리 5형제 끝난 지가 언젠데 그러세요?" 최불암이 놀라며, "그래? 그럼 지구 평화는 누가 지키지?" 하고 되물었다는 아재개그 버전으로 친구들에게 이야기하면 모두 학을 떼고 도망갔다. 최불암 시리즈는 〈수사반장〉, 〈전원일기〉 등에서 우직하고 소탈하며 순박한 캐릭터인 최불암 씨의 시선으로 약삭빠른 시대상을 풍자한 유머코드다. 당시 서점은 사회 분위기를 반영한 트렌드를 이끄는 능동적인 공간의 역할을 수행했다.

책 읽기를 잘한다는 것은 공부를 잘한다는 것이다. 공부를 잘한다는 것은 사회적으로 성공했다는 말이다. 우리나라에서 사회적으로 성공한 삶을 살기 위해서는 쌓아야 할 스펙도 점점 많아지고, 읽어야 할 책, 배워야 할 지식 및 교양도 많아짐을 의미한다. 또한, 급변하는 새로운 트렌드도 따라잡아야 한다. 만약 사회분위기를 대변하는 트렌드를 잘 모르거나 따라가지 못한다면 과거의 나처럼 주변 사람들로부터 가끔 핀잔을 받는 웃지 못할 상황이 생길 수도 있다.

2019년 우리나라 국민독서실태조사에 따르면 성인 기준 종이책은 독서율, 독서량이 2017년에 비해 각각 7.8% 포인트, 2.2권 줄어든 것으로 나타났다. 왜 독서를 하기 어려운지에 대해 성인을 대상으로 조사를 해보니 '책 이외의 다른 콘텐츠 이용'(29.1%)이 많아서 사실상 독서를 많이 하지 않는 것으로 나타났다. 이런 결과는 출판 및 독서문화 생태계에 상당한 영향을 미쳐 지속적이지 않을까 하는 불안감마저 들게 한다. 지금 우리 사회는 각종 온라인 콘텐츠의 증가세로 전자책, 오디오북 이용이 점차 늘고 있는 추세다. 이는 독서의 패러다임이 새롭게 변화되고 있음을 직접적으로 보여주고 있다. 그럼에도 불구하고 만약 사람들이 책을 읽지 않고도 충분히 스스로 생각할 수 있다고 자신한다면? 그것은 책으로 통할 수 있는 지혜의 보고를 보고도 알아보지 못하는 눈 뜬 장님과 같은 행동으로 귀결될 것이다. 독서를 통해 인류의 보물인 지식을 자기 것으로 만들고 지혜로운 사람들의 사고법을 배울 수 있는데도 말이다.

우리 아이들은 4차 산업혁명의 시대에 살아가야 한다. 아이들이 지금 학교에서 배우고 있는 15개 교육 과정도 전문가들이 4차 산업혁명 시대에 아이들이 갖추어야 할 주요 역량들을 선정하고, 이를 키울 수 있는 방법을 녹여낸 역량 중심교육 과정이라 한다. 4차 산업혁명 시기에 교육에서 주목하고 있는 것은 'AI는 못 하고 인간이 할 수 있는 것을 찾아서 잘하자'이며, 15차 교육과정에서도 원하는 인간형은 창조적인 인간이다. 새로운 것은 무작정 무에서 생각을 가한다고 만들어지는 게 아니다. 새로움을 창조하려면 독서의 길을 통해 사고의 힘을 탄탄하게 하는 생각하는 힘을 키워야만이 가능하다.

지금을 살아가는 대다수의 많은 사람은 인터넷에서 읽은 정보를 자신의 지식으로 생각하며, 별도로 공부를 하지 않더라도 지금 그대로 자신은 충분히 똑똑하다고 생각한다. 그러나 이것은 대단한 모순이다. 쉽게 접할 수 있는 인터넷이나 가벼운 정보들은 '흘러 다니는 속성'을 가지고 있기 때문에 쉽게 스쳐 지나간다. 또한 너무 많은 정보가 일방적으로 쏟아져서 이미 자신들이 가지고 있는 생각과 상호작용할 시간적 여유도 없으며 기억에도 남아 있지 않다. 그러는 사이 정보들은 또 다른 정보들에 휩쓸려 하나의 생각에 집중하는 것을 어렵게 만든다.

『생각하지 않는 사람들』에서 니콜라스 카는 사람들이 인터넷 검색에 익숙해지면서, 긴 글을 읽는 능력을 잃어버렸다고 말하듯 사람들은 점점 모든 일들을 손쉬운 검색으로 해결하려는 경향이 있고, 생각하는 힘은 점점 약해지고 있다고 지적한다. 이미 여러 분야에서 전문적인 지식을 갖춘 사람들의 경우라면 인터넷상의 여러 정보들을 소화하는 데 별 무리가 없겠지만, 상대적으로 그렇지 못한 사람들은 깊이 있는 지식을 접하는 데 있어 인터넷 정보보다는 책을 통해 접근하는 방식을 취해야 한다. 토미 데파올라는 우리가 독서를 할 수만 있다면 그 무엇도 그 어떤 것도 모두 배울 수 있다고 말한다. 어릴 때부터 책을 통해 천천히 읽고 배우는 슬로리딩을 습득한다면 사고의 폭과 깊이를 확장할 수 있어 공부하는 데에도 도움이 될 것이다.

SLOW READING

02

# 공부 잘하는 아이 VS 공부 못하는 아이

세상은 두 부류로 아이들을 바라본다. 공부를 잘하는 아이와 공부를 못하는 아이이다. 공부를 잘하는 아이는 다시 책을 꼼꼼하게 읽으면서 책 속의 내용들을 생활 속에서 실천하려고 애쓰며 사는 아이와 시험점수를 잘 받기 위해 대충 책을 보거나 교과서를 중심으로 훑어 읽는 결과 중심의 아이이다.

우리나라의 대부분의 부모들은 자식이 공부를 잘하기를 바랄 것이다. 왜냐면 우리 사회에서 공부를 잘한다는 것은 어느 정도 보장되는 사회적인 성공과 출세와도 맥을 같이 하기 때문이다. 그렇기 때문에 학생이든, 학부모든 어느 누구라도 공부를 잘한다는 말을 듣고 싶을 것이다. 저자 이한은 『공부 잘하는 사람들의 일곱 가지 습관』에서 "우리가 말하는 공부란? 정해진 기간에 정해진 책으로 문제 풀이에 대비한 외우기를 중심으로 머리 쓰는 노역을 하는 것"이라 정의한다. 실제로 우리 사회에서 대부분의 정규 과정을 거친 기성세대라면 누구나 공감하는 이야기일 것이다. 아무리 세월이 바뀌어도 공부에 대한 집착은 단번에 끊기가 힘든 게 사실이다. 하지만 '삶에 도움이 되는 진짜 공부는 무엇인가?'에 대한 고민은 이전 세대부터 앞으로도 지속적으로 사색을 하게 만드는 화두이다. 사실 공부라는 게 우리의 삶과 동떨어진 채 얻어지는 결과물에 지나지 않는다면 공부 자체는 탁상공론에 불과할 것이다. 공부란 삶으로부터의 배움을 통해 변화된 사회에 적응하기 위해 개인이 조금씩 성장해가는 삶 그 자체이다. 적어도 학교라는 틀에 갇힌 공부, 점수를 위한 공부가 진정한 공부는 아니다.

때때로 우연히 만난 책 한 권이 한 사람의 운명을 바꾸는 시금석을 마련하기도 한다. 꿈을 이룬 이들의 공통점은 책대로 살아가면서 자신도 언젠가는 책에 나와 있는 대로 될 것이라는 강렬한 믿음과 지칠 줄 모르는 열정과 해내고야 말겠다는 도전정신을 갖고 있다는 점이다. 우리 또한 꿈을 이룬 이들처럼 책을 읽고 감동받는 수준에 머무를 게 아니라, 책 속의 그들처럼 반복적으로 실천하다 보면 그들을 뛰어넘는 인물이 되어 꿈을 이루게 될 것이다.

공부를 잘하는 아이들은 집중력이 좋다. 집중력은 독서를 꾸준히 하다 보면 자연스럽게 길러지는 능력이다. 그러므로 독서 습관이 길러졌다는 건 집중력 훈련이 잘되어 있다는 의미다. 집중력 훈련이 잘된 아이들은 당연히 수업시간에 태도가 좋을 수밖에 없다. 또한, 독서 습관이 잘 길러진 아이들은 생각하는 훈련이 잘되어 있다.

특히, 초등학교에 입학하게 되면 읽기 교육은 정말 중요해진다. 초등학교는 유아기와 달리 가장 많이 달라지는 부분이 책을 듣는 것에서 읽는 것으로 방법이 전환된다는 데 있다. 우리는 보통 아이들이 한글을 뗀 후 6개월 정도가 지나면 읽기 독립을 하는 시기로 본다. 이때는 아이 혼자서 책을 읽으려고 하며 읽기 독립을 시작하는 적기이다. 읽기 특히 국어를 못하는 아이는 다른 어떤 과목에서도 잘할 수가 없다. 모든 과목들은 본문 내용을 읽어서 이해하는 것에서부터 시작하는데, 읽기를 못하는 아이들 같은 경우 문장에 대한 이해력이나 어휘력이 부족하기 때문에 공부를 잘하려고 해도 잘해낼 수가 없다.

공부 잘하는 아이라…. 부모라면 귀가 솔깃해질 것이다. 7남매 중 막내인 나는 시골에서 농사짓는 부모님 밑에서 자라 공부하는 방법을 제대로 배운 적이 없다. 부모님은 늘 농사일로 바쁘셨고, 많은 자식들 키우시느라 쉴 틈 없이 일만 하셨다. 또한 언니 오빠들의 등살에 밀려 유독 내성적이고 눈치를 많이 보던 나는 집에서도 자연스레 언니 오빠들에게 주눅든 채 자랐다.

초등학교 때까지 언니 오빠들은 우등상도 타고 공부 잘한다는 칭찬을 받은 반면, 나는 별로 눈에 띄지 않는 평범한 성적을 받았다. 그러다 조금씩 철이 들면서 성적이 좋아지기 시작했다. 그동안 집에서 아무런 존재감 없는 아이로 지내던 때와는 달리, 가족들이 조금씩 인정을 해주기 시작했다. 공부로 인해 대우가 달라지다니, 묘한 희열을 느꼈다. 가족들의 '네가 어떻게? 어쩐 일로? 별일이야?'라며 신기해하던 모습들이 눈에 선하다. 만약 그때 바쁜 부모님 대신 다른 누군가가 내게 공부하는 방법을 제대로 가르쳐줬더라면 좀 더 쉽게 공부에 흥미를 붙였을 것이라는 아쉬움은 남아 있지만 말이다.

보통의 경우 학습 습관이 좋은 아이들은 공부를 잘하고, 학습 습관이 없는 아이들은 공부를 잘하려고 해도 잘하기가 쉽지 않다. 고등학교 때 내 옆의 짝지는 공부에는 별로 관심이 없었다. 대신 춤추며 노래하고 큰소리로 수다 떠는 데는 탁월했다. 짝지와는 반대로 나는 내성적인 성격이긴 했지만, 공부가 크게 싫지는 않았다. 특히 국사 수업시간에는 주로 질문 위주로 수업이 진행되었는데 몇 번은 내 짝이 답을 몰라 우물거릴 때 답을 가르쳐주었다. 하지만 몇 번이나 계속 그런 일이 생기자 얄미운 생각에 답을 알면서도 말해주지 않았다. 지금 생각해보면 유치한 일이지만 그때는 당연히 모르면 벌을 받는 게 합당하다는 생각을 했던 것 같다. 사실 따지고 보면, 나도 어릴 때 공부하는 습관이 있었던 게 아니였기 때문에 짝지나 나나 별반 차이가 없었다. 단지 나는 책 읽는 걸 좋아해서 수업시간에도 몰래 읽다가 들키고, 도서관이나 만화방 등 그림이나 활자로 된 건 그냥 좋아서 읽기만 했을 뿐이다.

한번은 고3 겨울 자율학습 시간에 선생님이 자리를 비운 틈을 타, 학교 뒷문을 통해 밖으로 빠져나갔다. 수확을 끝낸 학교 주변 논밭에는 짚더미가 산처럼 쌓여 있었다. 날씨는 춥고 책은 읽어야겠고 하는 수 없이 짚더미 속을 비집고 들어가 짚으로 이불 삼아 얼굴만 쏙 내밀고서 책을 읽었다. 짚더미에서 책을 읽다니! 지금 같아서는 있을 수 없는 일이다. 하지만 그때의 나는 현실판 톰 소여처럼 엉뚱했다. 얼마 뒤 수업 시작을 알리는 종소리가 들려 후다닥 뛰어가다 들켜서 교무실에서 벌섰던 기억이 있다.

지금 생각해보면 그때는 몰랐지만, 책을 좋아해서 책을 읽는다는 자체는 비록 교과 공부는 아니더라도 공부를 위한 집중력 훈련을 했던 셈이다.

만약 아이가 공부를 잘하기를 바란다면 아이가 어릴 때부터 부모 자신이 먼저 솔선수범하여 책을 읽어라. 자녀가 공부 잘하는 비결은 어쩌면 특별한 것에 있는 것이 아니라 평범한 것에 있을 수 있다. 요즘 과할 정도로 아이를 귀하게 키우느라 아이들 고집대로 다 들어주며 값비싼 교육과 키즈 카페 모임을 통해 어릴 때부터 과시욕을 드러내는 부모들이 많다. 이렇게 아이를 양육하는 것은 관계에서 근본이 되는 인성적인 부분을 간과한 채 자기들만의 세상이 전부인 이기심으로 아이를 키우는 결과를 초래한다.

결국, 동서양을 막론하고 공부에서 변하지 않는 만고의 진리는 '공부 = 책 읽기'라는 원칙이다. 책 읽기를 어릴 때부터 엄마와 함께 슬로리딩으로 시작을 한다면, 책은 무조건 읽어야 한다는 의무감으로 읽는 것이 아니라, 책을 읽는다는 것은 재미를 알아가는 과정임을 느끼면서 스스로의 공부 그릇을 키워가게 될 것이다. 책을 읽는다는 것은 종국에는 공부를 좋아하게 만든다. 그렇기 때문에 평범함 속에 엄마와 함께하는 슬로리딩이 아이가 공부를 잘하게 만드는 최상의 비결이 될 것이다.

SLOW READING

03

# 지적 호기심을 자극하라

KBS 〈읽기혁명〉 다큐멘터리 제작팀이 만든 저서 『뇌가 좋은 아이』에서 “만 2세 미만의 아이는 절대로 TV를 봐서는 안 된다”고 강력하게 말한다. 2세 미만의 유아가 텔레비전을 과도하게 보면 집중력 결핍과 비만 등 상당한 부작용을 낳을 가능성이 크다. 또 어린이들이 학교에 입학한 뒤의 학업 성취도와 영유아기 텔레비전 시청 시간을 비교해봤더니 텔레비전 대신 혼자 또는 부모와 함께 책을 읽은 아이들이 학업 성취도가 더 높았다. 너무 이른 시기에 주어지는 과도한 자극은 아이들의 뇌 발달을 높이기는커녕 크게 떨어뜨린다. 어떤 연구는 텔레비전 시청과 관련하여 시청 시간이 1시간 늘어날 때마다 ADHD 발생 위험이 10% 증가한다는 내용을 발표하기도 했다. 또한 어린나이에 많은 책을 빨리 읽는다고 해서 독서 영재가 되는 것이 아니라 오히려 자폐 성향이 생길 수도 있다. 뇌 발달의 결정적인 시기인 생후 8개월에서 6세 이전에 책을 읽혀야 한다. 읽기 교육이야말로 아이의 뇌를 발달시키는 지름길이다.

벼룩의 크기는 겨우 2mm 정도밖에 되지 않는다. 그러나 이 녀석은 놀랍게도 지구상의 동물 중에서 가장 최고의 높이뛰기를 자랑하는 선수다. 벼룩은 자기 체구의 300배 정도인 60cm가량을 뛴다. 사람(1m 70cm)으로 치면 약 500m를 뛰는 것과 같다. 동네에 있는 웬만한 산은 그냥 한방에 올라갈 수 있는 높이다. 에베레스트 산이 8,000m 정도이니 16번 정도만 점프하면 올라갈 수 있는 높이다. 서울에 있는 63빌딩 높이가 250m이니 63빌딩 2배 정도의 높이를 뛴다고 생각하면 된다. 그런데 이 벼룩을 높이가 5cm인 조그만 병에다가 넣어두면 흥미로운 일이 생긴다. 며칠 뒤 병을 치워도 벼룩은 5cm 이상을 뛰지 못한다. 이렇게 벼룩은 자신의 능력을 5cm로 한계치를 둔다. 사실 60cm를 뛸 수 있는데도 말이다. 벼룩의 한계는 바로 벼룩 자신이 가둬버린 자기 생각에 기인한 것이다.

책을 읽을 때도 마찬가지다. 사회적 분위기와 인식에서 기인된 '책은 빠르게 읽고, 많이 읽어야 한다.'는 무언의 압력 속에서 사람들은 대체로 시대적인 분위기를 따른다. 하지만 그건 유리병으로 벼룩을 가두는 것과 마찬가지다. 유리병이 없을 때 벼룩은 타고난 잠재능력에 따라 점프할 수 있는 높이가 무한대다. 우리의 경우도 무언의 압력들에 굴하기보다는 본연의 의지로 책을 꼼꼼하게 읽어간다면 책 속에서 무한한 지적 호기심을 발견할 것이다.

큰아이가 초등학교 1학년 때 학교에서 여름밤 가족과 함께하는 독서 골든 벨에 참가했던 적이 있다. 『일기 감추는 날』, 『종이 밥』, 『마당을 나온 암탉』 외 총 5권을 읽고 골든 벨 문제를 맞히는 것이었다. 큰아이와 남편은 전교생 중 2등상을 받았다.

골든 벨은 처음에 50가족이 넘는 인원에서 시작했다. 문제가 거듭될수록 정답을 맞히기 위한 경쟁도 치열했다. 아이들은 한 문제라도 더 맞히기 위해 엄마 아빠와 함께 의논하기도 하고, 옆 팀을 쳐다보기도 하는 등 눈치작전을 펼쳤다. 그때 우리는 작은아이가 태어난 지 100일 전후라, 엄마인 나는 참석하지 못하고 뒤쪽에 서서 응원만 하고 있었다. 큰아이는 조금 애매하거나 문제가 어려울 때면 뒤를 돌아보면서 애타는 눈빛으로 나를 바라보았다.

그러면 나는 '아빠랑 의논해.'라며 손짓으로 아빠를 가리켰다. 문제는 거의 30문제 가까이 됐던 거 같다. 마지막 세 가족이 남을 때까지 골든 벨은 계속 진행이 되었다. 마지막 남은 두 가족에 큰아이와 남편도 있었다.

결국, 마지막 문제에서 남편과 아이가 의견이 갈리면서 문제를 맞히지 못했다. 시상식에서 아이에게 소감을 물었을 때, 큰아이는 부모님이랑 같이 책도 읽고 퀴즈도 내는 활동이 너무 재미있었다며 소감을 말했다. 아이가 마냥 어린 줄만 알았는데, 그런 말을 할 줄도 알고 기특했다. 하지만 골든 벨이 끝나고 집으로 오는 길에 큰아이는 아쉬움이 역력한 얼굴로 "엄마도 같이 참가했어야 했어. 다른 집들은 엄마 아빠가 다 같이 참가했는데, 자기만 아빠랑 둘이 참가해서 손해를 봤다."라며 씩씩거리더니 눈물을 보였다. 나는 우는 큰아이에게 "동생이 어려서 함께 참석하지 못했지만, 뒤에서 열심히 응원 많이 했으니깐 속상하더라도 이해해줘."라며 가만히 아이를 안아줬다.

『쥴리아의 즐거운 인생』의 저자인 쥴리아 차일드는 1948년 외교관이었던 남편 폴과 함께 프랑스의 르아브르 항구에 도착했을 당시 36살, 키 188cm 거구로 목소리만 컸지 진득한 면은 전혀 없었던 전형적인 미국 캘리포니아 여자였다. 8년간의 우여곡절 끝에 『쥴리아의 즐거운 인생』이 출간되면서 프렌치 셰프 등의 TV요리 강습을 통해 프랑스 요리를 미국 가정의 실정에 맞게 소개하여 미국 요리의 대모라는 호칭을 받았다.

저자 쥴리아 차일드는 소녀 시절, 요리 즉 오븐에는 눈곱만큼도 관심이 없었지만 식욕만큼은 왕성했다. 대신 남편인 폴 차일드는 요리와 포도주에 일가견이 있었고 끊임없이 쥴리아에게 요리에 관심을 가질 수 있도록 다양한 자극을 주게 된다. 결국 쥴리아는 남편의 적극적인 도움으로 요리를 통해 인생의 터닝 포인트를 가지게 된다.

이 책은 절판된 도서라 중고서점 알라딘에서 어렵게 구해서 읽었다. 쥴리아를 만나기 전 나도 요리와는 거리가 멀었고 요리를 왜 해야 하는지 관심도 없었다. 먹는 것을 그다지 좋아하는 것도 아니어서 사람들이 먹방 TV나 맛집 투어에 왜 그렇게 열광하는지도 이해되지 않았다. 그래서 때때로 우주인 식량인 한 알 캡슐을 먹는 시대가 오면 세상만사 편할 것 같은 생각을 했다.

그러다 비 오는 주말 아침 작은 아이와 집에서 〈리틀 포레스트〉라는 영화를 보게 되었다. 영화 〈리틀 포레스트〉는 이라가시 다이스케의 일본만화를 원작으로 한 봄 여름 가을 겨울 사계절을 대상으로 〈여름과 가을〉 〈겨울과 봄〉 두 편으로 나눠서 만들어졌다.

일본에 코모리라고 하는 주변이 산으로 둘러싸인 작은 시골 마을을 배경으로 주인공인 이치코가 식혜, 수유나무 잼, 호두 밥, 밤 조림 등 구하기 쉬운 식재료를 가지고 음식을 만들며 생활하는 모습이 담백하게 영상에 녹아 있는 작품이다. 비 내리는 날씨에 감성 충만한 영화를 통해 나도 작은 아이와 식혜도 만들어 먹으면서 평소에 해보지 않았던 작지만 기억에 남는 경험들을 해보았다.

작년 여름 친정엄마의 갑작스런 입원으로 우리 가족들은 정신이 없었다. 그런 와중에 오빠들은 주말이면 틈틈이 엄마가 부재중인 시골집에 내려가 농사일도 하면서 엄마의 빈자리를 메우며 힘든 날들을 보냈다. 얼마 뒤 집에 가고 싶다며 노래를 부르다시피 하는 엄마의 요구에 못 이겨 2주가량 시골집에 엄마를 모시게 되었다. 그때 큰오빠는 산에서 따온 빨간 산수유 열매를 가져가서 먹으라며 내게 건넸다. 사실 그전까지 산수유를 한 번도 먹어보지 않았던 터라 처음에는 조금 망설여졌지만, 모기에 물려가며 애써 따온 오빠의 마음과 뭐라도 주시고 싶어하는 엄마의 마음을 애써 외면할 수가 없었다.

집에 와서 산수유를 먹어보니 달짝지근하면서 텁텁한 끝 맛이 났다. '산수유를 어떻게 하지? 어떻게 해야 잘했다는 소리를 들을까?' 하고 한참을 고민하다 영화 〈리틀 포레스트〉에서 산수유 잼 만들던 장면이 기억났다. 나도 산수유 잼을 만들어보면 되겠다 싶어, 산수유를 깨끗하게 씻어서 체에 걸렀다. 그리곤 약한 불에서 졸이기 시작했다. 난생처음 잼이란 걸 만들어보는 거라 떨리기도 했지만 왠지 모르게 셰프처럼 맛있는 잼을 만들 수 있을 거 같은 자신감도 들었다. 드디어 빨간 빛깔 산수유 잼이 완성되었다. 작은아이는 맛있겠다며 잼을 빵에 바르더니 텁텁한 끝 맛 때문인지 "나랑은 안 맞는 거 같아요." 했다. 하지만 "나랑은 맞지 않지만 잘 만드신 거 같아요."라는 기분 좋은 말을 했다. 결국, 설탕을 많이 넣고 오랜 시간을 졸여 그런지 잼이 식었을 때 보니 뻑뻑하니 굳어서 빵에 발라 먹은 게 아니라 결국 그냥 잼만 숟가락에 한꺼번에 떠서 먹어버렸다. 시중에 파는 잼과는 차별화된 나만의 산수유 잼. 다음번에 기회가 된다면 한 번 더 잼 만들기에 도전해서 완성도 높은 잼을 맛보아야겠다.

대부분의 사람들은 알게 모르게 배우는 것에 대한 편견 아닌 편견들을 가지고 있다. 앎을 알아가는 것은 옛사람들의 경험이나 지혜를 통해서일 수도 있고 책, 영화, 현실에서 직접 겪는 경험들 외에 너무나 다양한 방법들을 통해서 배우게 된다. 그 방법들을 시도하고 익히는 과정들에서 나처럼 때때로 시행착오도 겪고 때론 좌절도 하면서 자신감을 갖게 된다.

이런 지적 호기심을 자극하는 것들 중 주변에서 손쉽고, 비교적 정확한 배움을 주는 것은 단연 책이 으뜸일 것이다. 그래서 옛부터 책 읽기를 권장해왔다. 한 권의 책을 읽고 나서 그 책 속의 이치를 깨닫게 된다면 앎(배움)에 대한 바른 연결고리를 익혀서 지적 호기심을 채우게 될 것이다.

SLOW READING

04

# 인생의 모든 공부는 책 읽기에서 시작한다

대부분의 사람들에게 공부가 뭐냐고 물어보면, 학창 시절에 경험했던 입시 위주의 주입식 교육을 말한다. 사실 나의 경우도 교과서와 문제집을 제외하고 인문학 도서나 소설은 선생님 몰래 읽었던 경험이 전부이다. 학교에서 요구하는 것은 성적과 관련된 교과서나 문제집 위주의 교육이었다. 그래서 가끔 공부를 해야 한다고 하면 어떤 이들은 손사래부터 치면서 질린 표정을 짓는다. 인생을 살다 보면 예기치 못한 문제들에 부딪힐 때, 실제로 조언을 구하기 가장 쉬운 방법은 책이다. 책 읽기를 통해 나는 성공한 사람들은 어떤 태도와 마음가짐을 가지고 있는지, 시간 관리는 어떻게 하는 게 현명한지, 앞

날을 위해 어떤 일을 준비해야 올바른 선택인지 등 개개 저자의 삶과 인생역정을 대리 경험함으로써 지혜를 배운다.

초등학교 때 겨울이 되면 우리 집 안방에는 콩나물시루가 있었다. 노란 콩을 미지근한 물에 하루 정도 불린 다음, 작은 콩나물시루에 넣어서 검은색 보자기를 덮어뒀다. 그런 다음 하루에 3~4번 정도 엄마가 정성껏 물을 부어주면 뿌리가 통통한 노란 콩나물이 수북하게 자란다. 학교 갔다 집에 오면, 엄마가 콩나물시루에 물을 붓는 모습이 재미있어 보였다. 보자기 위에 물을 그대로 주르륵 부었더니 물이 방바닥으로 쏟아졌다. 그래서 야단을 맞기도 했다. 한번은 어린 마음에 콩나물에 물이 없으면 말라 죽는 줄 알고 계속해서 물을 부으니, 지켜보시던 엄마가 시루에 물이 다 빠져도 콩나물은 잘 자라고 오히려 물을 많이 부으면 뿌리부터 썩어버리니 조심해야 한다고 하셨다. 그 순간엔 이해가 잘 되지 않았지만, 자세히 지켜보니 물이 없는데도 콩나물은 통통하니 잘 자랐다. 흘러내린 줄로만 알았지만 실상은 그 과정을 통해 영양분을 공급받고 성장하고 있었던 것이다.

공부도 시루 속에 들어 있는 콩나물에 물을 붓는 것과 마찬가지다. 한 권 한 권의 책을 읽으면 자신도 모르는 사이에 영양분이 되어서 자라게 되는 것이다. 나는 지금까지 살아가면서 현실이 막막하고 답답할 때, 앞날이 불안해서 초조할 때면 어김없이 책을 찾았다. 책에서 삶의 지혜를 구하는 공부를 했고, 위안을 삼았다. 대부분의 사람들이 학교를 졸업하고 시공간의 구애 없이 공부를 할 수 있는 길은 책 읽기를 통해서 가능하다. 콩나물시루에 물이 졸졸졸 빠져나가듯 삶에서 부딪히는 여러 난관을 통해 좀 더 변화된 모습으로 성장을 하기 위해서는 장기적인 안목을 갖고 천천히 슬로리딩을 해야 한다.

전업 맘인 K는 아이를 똑똑하게 키우기 위해 다독을 시키고 있다. 그것도 아이 발달을 위해 추천하는 도서의 경우, 단계별로 전집으로 구매해서 아이에게 읽힌다. 아이에게 책을 여러 권 많이 읽히는 게 과연 좋은가? 대부분의 엄마들은 책을 많이 읽혀야 아이가 공부도 잘하고 인성이나 사회성 발달에도 좋을 거라는 생각을 한다. 하지만 대체적으로 아이들의 경우, 가장 중요한 것은 다독보다는 아이가 재미있어 하느냐, 재미있어 하지 않느냐가 책을 읽는 데 관건이다. 이는 성인의 경우도 마찬가지다. 우리도 경험해왔듯 자신이 재밌게 읽는 책이라면 여러 번 읽더라도 읽을 때마다 다른 느낌을 받게 된다. 최근에 나도 네빌 고다드의 『믿음으로 걸어라』는 책을 여러 번 반복해서 읽고 있다. 읽을 때마다 내게 다가오는 문구나 느낌은 그때그때 다르게 느껴진다. 그러므로 아이들의 경우 같은 책이라도 좋아서 읽는 거라면 걱정하지 않아도 된다. 특히, 한 권의 책이라도 여러 번 천천히 읽어주다 보면 그 속에서 상상력을 키울 수도 있고 어휘력도 키울 수 있다. 또한, 같이 읽어주는 엄마의 목소리를 통해 정서적인 안정감과 애착을 동시에 느끼기도 한다.

책을 읽는 것은 스스로를 돌아보는 반성의 한 방법이다. 책을 통해 직접 경험할 수 없는 다양한 세계와 견해를 접하고 이를 거울삼아 자신을 돌이켜보는 것, 이것이 바로 독서가 가진 진정한 의미가 되지 않을까? 나는 때때로 매일을 열심히 사는 내 자신에게 '오늘도 수고했어.'라며 스스로에게 책을 선물하곤 한다. 내가 선택해서 주문한 책이지만, 필요에 의해서 구입한 것과 나 자신에게 선물의 의미로 책을 구입한 것은 책을 직접 받았을 때 확연한 온도 차이가 있다. 들뜬 마음으로 나에게 주는 선물이란 의미에 느낌을 실어 인터넷 서점에 책을 구매하러 들어갔는데, 마침 스펜서 존슨의 『선물』이라는 책이 눈에 띄었다. 제목부터 마치 내 자신을 위해 작가가 준비한 선물처럼 느껴져 설레는 마음으로 얼른 주문을 했다. 『선물』은 주어진 환경에서 나다움을 잃지 않으면서, 내 인생에 집중할 수 있도록 나에 대한 가치를 되새겨주는 내용을 담고 있어서 마음에 와닿았다. 저자는 "바로 지금 일어나고 있는 것에 집중하라. 바로 지금 올바른 것이 무엇인지 생각하고 그에 따라 행동하라. 바로 지금 중요한 것에 관심을 쏟아라."라는 메시지를 통해 삶에 대한 철학이나 존재 이유뿐만 아니라, 나 자신의 근원적인 존재가치를 깨닫게 함으로서 새로운 변화의 힘을 실어주었다.

스펜서 존슨의 『선물』이 한 번에 술술 잘 읽히는 책이라면, 이철의 『인생공부』는 철학적인 내용을 담아 그런지 시간을 들여서 읽어야 하는 책이다. 좀 어려운 내용이었지만, 논어와 한비자의 핵심 사상을 현대적으로 재해석하고 있다. 지치거나 힘들 때, 누구나 살아가면서 한 번쯤은 겪게 되는 삶의 위기에서 자신만의 목표로 자신의 길을 묵묵히 나아갈 수 있게 비춰주는 경전과도 같은 책이다.

나는 대부분의 사람들이 대학을 2년, 4년 다닐 동안, 편입까지 포함해서 6년을 다녔다. 처음 시작할 때부터 좀 더 진지하게 진로를 결정했더라면 다른 선택을 통해 시간을 아꼈을 수도 있다. 하지만 지금 생각해보면 철이 늦게 들어 그런 건지 다른 사람들이 경험하지 못한 것들을 겪으면서 남들보다 돌아서 제자리로 왔다. 그래서인지 대학을 졸업할 즈음, 취업과 학업 두 갈래 길에서 어느 쪽을 선택해야 할지 고민에 고민을 거듭했다. 그나마 숨 쉴 수 있는 시간은 늦은 저녁 시간 도서관에 있을 때였다. 그때 혼자서 GOD의 '길'이란 곡을 들으며 자판기 커피로 심란한 마음을 달래곤 했었다. 나는 왜 그런지 '길'이란 단어에 익숙하다. 어릴 때 시골에서 밤늦게 일하고 돌아오시는 엄마 아버지를 기다리느라, 동네 어귀에 있는 큰 길을 목이 빠져라 하고 쳐다보았던 일, 부모님께 고자질했다며 먼 길까지 바람같이 한달음에 쫓아오던 무서운 언니, 지게에 내가 좋아하던 수박을 짊어지고 오시던 아버지에 대한 기억들. 내가 걸어왔던 비탈길, 큰길, 샛길, 골목길, 숲길, 산길, 흙탕길 등 찾아보면 길의 종류도 각양각색이지만, 내게 길은 그냥 길이여서 좋은 거 같다.

GOD의 '길' 중에서 특히 내가 좋아하는 가사는 '내가 가는 이 길이 어디로

가는지 어디로 날 데려가는지 그곳은 어딘지 알 수 없지만 알 수 없지만 알 수 없지만 오늘도 난 걸어가고 있네~.'라는 구절이다. 방향을 못 잡아 혼란스러워 하는 내 모습이 그대로 투영되는 길을 노래한 것 같아서 누군가에게 이야기를 하지 않아도 듣기만 해도 내 마음이 다 헤아려지는 듯했다. '내가 선택하는 이 길이 맞는지? 다른 사람들보다 못한 길을 가는 건 아닌지?' 불안불안한 현실이 목을 조일 때마다 내 길을 찾아서 갈 수 있게 도와주었다. 그래서 방황하던 청춘의 그 시절에도 글을 쓰고 있는 지금의 나에게도 묵묵히 내 길을 걸어갈 수 있게 용기를 준다. 나는 그 길의 끝에서 늘 책이란 희망의 끈을 붙잡았다. 책은 어릴 때 나를 꿈을 꾸게 만들었고, 공부를 하게 이끌었으며, 지금의 날 있게 해준 원동력이다.

모든 공부는 책 읽기로 통한다. 책을 읽다 보면 인생에서 필요한 모든 공부의 요소들이 굽이굽이 샛길을 돌 듯이 순리대로 엮여서 결국엔 큰길에서 우연처럼 만나게 된다. 그러므로 어릴 때부터 책 읽기를 열심히 하는 아이들은 눈앞에 보이는 당장의 성적은 잘 나오지 않더라도, 긴 안목에서 봤을 때는 결국 승자가 될 것이다. 하지만 책 읽기를 게을리한 채 지금 당장 드러나는 결과를 중심으로 공부를 하는 습관을 들인다면, 표면적으로 공부를 잘하는 것처럼 보여도 사상누각처럼 모래성 위에 지은 집에 불과할 것이다. 책 읽기가 빠진 공부는 어릴 때는 드러나지 않더라도 점점 나이가 들수록, 고학년이 될 수록 그 한계점에 부딪히게 될 것이다. 책을 읽는 것은 읽는다는 그 보이는 행위가 전부가 아니라 내면에서부터 감성을 풍부하게 하고 심성을 부드럽게 하여 친구 관계에서도 이해의 폭을 넓혀줌으로써 배려 깊은 아이로 성장하게 하는 삶의 아킬레스건을 튼튼하게 잡아줄 것이다.

SLOW READING

05

# 슬로리딩으로 책을 꼼꼼하게 읽혀라

책 읽는 방법에는 정독, 속독, 다독, 발췌독과 같이 다양한 방법들이 있다. 그 중에서도 정독하는 습관 즉, 슬로리딩 하는 습관을 기르지 않으면 다른 방법들은 신기루에 불과할 것이다. 마치 사막에서 물도 없는 오아시스를 발견해서 환호하는 것과 같은 우를 범하게 된다. 인간의 뇌는 같은 일을 반복하다 보면 저절로 유능해진다. 굳이 빨리 읽으려고 애를 쓰지 않더라도 책을 꾸준하게 읽다 보면 독서 속도는 저절로 빨라진다. 그런데도 사회적인 분위기만 따라 속독, 다독으로 읽으라고 하면 아이는 제대로 이해하지 못하기 때문에 대충 훑어보기만 하거나 쉬운 책 위주로 책을 보게 될 것이다. 따라서 아이에게 책을 읽힐 때는 천천히 슬로리딩 하는 습관을 통해 꼼꼼히 책을 읽는 습관을 길러주어야 한다.

독일이 낳은 천재 시인 괴테는 "첫 단추를 잘못 끼우면 마지막 단추는 끼울 구멍이 없어진다."는 말을 남겼다. 굳이 괴테의 말을 빌리지 않더라도 첫 단추의 중요성에 대해서는 모든 이들이 공감할 것이다. 첫 단추는 '나비 효과'와 같다. 그래서 대부분의 사람들이 첫째 아이, 첫 입학, 첫 인상, 첫 번째 책 읽기 등 첫 번째에 유독 연연하며 의미를 부여한다.

미국의 기상학자 에드워드 로렌츠가 발견한 나비효과는 미세한 차이가 엄청난 결과를 가져온다는 이론이다. 예를 들어, 브라질에 있는 나비의 날갯짓 때문에 미국의 텍사스에서 토네이도가 생길 수 있다는 것이다. 나비의 단순한 날갯짓이 먼 나라 미국에서 태풍을 일으킬 수 있듯, 부모가 어떤 원칙을 가지고 아이에게 책을 읽히느냐에 따라 아이의 책 읽기 습관은 달라진다.

이스라엘에서 가장 자주 듣는 말은 '달란트(talent)'이다. 달란트는 고대 유태인과 그리스인 그리고 로마인들이 무게의 단위로 사용하다 이후 화폐 단위가 되었다. 그러다가 16세기 마틴 루터가 등장한 이후부터 신이 인간에게 선물한 특별한 재능이나 소명을 가리키는 말로 사용되다 지금은 '재능'이란 의미로 쓰이고 있다.

유태인들은 모든 아이가 저마다의 달란트를 가지고 태어난다고 믿는다. 유태인 부모들은 늘 아이에게 '네가 가진 달란트가 세상에서 제일이야.'라는 인식을 심어줄 뿐만 아니라 일상에서 조그마한 달란트라도 발견하게 되면 칭찬해줄 기회부터 살핀다. 이처럼 어릴 때부터 달란트라는 말에 익숙해지면 뇌 회로 속에 그 씨앗이 뿌려져 천천히 자라게 된다. 유태인 아이들은 자신의 달란트를 찾는 데 탁월한 감각을 지닌 채 성장한다. 결국, 달란트라는 건 개발하는 게 아니라 발견하는 것이다.

우리나라의 아이들은 유태인 아이들과는 다르게 달란트, 즉 자신의 재능을 알아보는 눈, 자신의 능력에 대한 자신감이 부족하다. 아이들에게 가끔 '꿈이 뭐니?'라고 물어보면 생각을 제대로 하지도 않고 '잘 모르겠어요. 잘하는 게 없어요.'라는 말로 얼버무리곤 한다.

부모는 어릴 때부터 아이들의 달란트를 개발하려고 하기보다는 가지고 있는 달란트를 발견해서 더 잘할 수 있도록 기회를 제공하고 북돋아주는 게 부모의 역할이다. 다들 달란트를 개발하는 데 포커스를 맞추다 보니 너도 나도 똑같은 꿈, 똑같은 방향을 향해 서로 간에 무한경쟁을 하게 된다. 자신이 가진 달란트를 통해 자신만의 색깔로 꿈을 향해 나아가는 삶도 충분히 미래사회에선 경쟁력 있고 매력적인 삶일 것이다.

우리 집에는 삼성출판사에서 나온 삼성세계 문학 전집이 있다. 이 책은 큰 아이가 초등학교 1학년 때 구입한 책인데, 아마 큰아이는 이 책을 스무 번은 더 읽었을 것이다. 차를 타고 갈 때도 엘리베이터를 기다릴 때도, 화장실에도 틈만 나면 책을 가지고 다니면서 읽었다. 나와 남편도 아이 덕분에 이 책을 다시 읽었다. 책을 읽으면서 주인공은 누군지, 어떤 내용을 담고 있는지, 사건이 일어난 원인은 무엇인지, 책과 관련된 내용들에 대해 서로 퀴즈도 내며 읽은 책을 가지고 놀이를 했다. 그러다 간혹 남편과 내가 틀리게 되면 아이는 의기양양한 채 '그건 주인공이 잘못한 게 아니고요.'라며 자신이 이해한 바를 비교적 자세히 설명해주려고 애를 썼다.

사실 아이가 보는 책을 다시 읽은 이유는 아이가 속독으로 빠르게 읽는 습관이 있어서, 함께 이야기하고 함께 읽는 과정들을 통해 좀 느리더라도 꼼꼼하게 읽히려는 의도에서 시작된 것이다. 책을 서둘러서 읽게 되면 정작 알아야 하는 내용들을 놓치는 경우가 종종 있다. 부모는 아이가 어릴 때 아이의 책 읽는 방법이나 태도를 바르게 기를 수 있도록 정성을 기울여야 한다. 특히 엄마와 함께 읽으면서 이야기 나누는 기쁨도 느끼면서 책을 읽는 즐거움을 알아가야 한다.

존 밀턴의 "책은 급하게 많이 읽기보다는 한 권의 책이라도 자세하게 읽는 습관을 가져야 한다."는 명언이 있다. 책은 천천히 꼼꼼하게 읽어야 어휘력도 향상되고, 문자언어를 이미지 언어로 전환하는 과정을 자연스럽게 거치면서 상상력도 커지게 된다. 마라톤에서 러너스 하이(Runner's High)라는 것이 있다. 처음 달릴 때는 고통스럽다가 30분 이상 달리면 몸이 가벼워지면서 머리도 맑아지고 기분이 좋아지는 황홀경을 말한다. 독서에 있어서도 처음부터 한꺼번에 많이 읽히려는 책탐에 빠져서는 안 된다. 슬로리딩으로 한 달에 한 권을 읽더라도 꾸준히 읽는 습관을 들여야 커서도 책을 읽게 된다.

책을 읽는 데는 절대적인 시간이 필요하다. 아이들은 커갈수록 학교 생활, 학원, 친구 관계, 그리고 스마트폰 등에 많은 시간을 뺏긴다. 그러다 보면 정작 중요한 책을 읽을 시간이 부족해지기 때문에 부모는 아이가 어릴 때부터 책 읽는 시간을 충분히 확보할 수 있도록 고민하고 함께 책 읽는 모습을 실천할 수 있도록 노력해야 한다.

SLOW READING

06

# 슬로리딩만 제대로 해도 우등생이 된다

지금을 살아가는 우리들은 스마트폰 알람 소리에 눈을 뜨고, 출근하면 밤 사이에 온 이메일이나 문자를 확인부터 한다. 아침에 출근하다 주변을 둘러보면 버스를 기다리거나, 길을 건너는 사람, 등교하는 중고등학생 등 대부분의 사람들이 스마트폰을 보고 있다. 가끔 무엇을 보는지 살짝 보면 대부분 카톡, 페이스북, 드라마나 유튜브를 보고 있다. 그들 중 대부분은 고개를 숙인 채 아예 시선은 아래로 고정되어 있다. 스마트폰에 과도하게 몰입되어 있는 상황들을 내가 지금처럼 유심히 바라보기 시작한 건 얼마 되지 않았다. 아이를 깨워서 학교 보내고 출근 준비하느라 바쁘게 서두르다 보면 하루가

정신없이 지나갔다. 그러다 보니 주변을 제대로 둘러볼 겨를이 없었다. 주변을 살펴보기 시작한 것은 책을 천천히 읽기 시작하면서 나타난 변화다.

매순간 스마트폰에 빠져 사는 우리의 모습은 과연 바람직한 것인가? 도대체 무엇을 얻고 잃어버리는 것은 무엇인가? 앞으로 이런 문명 기기들이 정말 인간의 삶을 행복하고 충만하게 할 것인가? 이런 의구심은 막연한 미래에 대한 불안만큼이나 우리들 곁에 깊숙이 자리하고 있다.

세계적인 IT미래학자인 니콜라스 카는 정보기술이 우리 사회, 경제에 어떤 영향을 미치는지에 대해 심도 있게 연구하고 그와 관련된 칼럼을 발표해왔다. 그는 『생각하지 않는 사람들』에서 인터넷이 우리의 사고방식을 얕고 가볍게 만든다고 한다. 특히 주목할 만한 것은 우리가 인터넷 서핑을 하고 서치하고, 스킵하고, 스캐닝 하는 동안 이를 관장하는 신경회로는 강화되는 반면 상대적으로 깊이 사고하고, 분석, 통찰하는 능력은 감소하고 있다고 주장한다. 인터넷 서핑의 영향력을 단순한 현상 분석이 아니라 뇌가소성이라는 뇌과학 이론을 빌려 뇌구조에 미치는 영향까지 세밀하게 진단한다. 즉, 트위터, 페이스북 등에서도 쉽게 살펴볼 수 있듯 정보나 의사소통 자체를 단순화, 분절화함으로써 깊이 생각하는 방법 자체를 잃어버린 뇌로 만든다는 것이다. 그는 현대인들이 건망증, 집중력 장애를 호소하는 까닭도 모두 이런 이유에서라고 강조한다. 영화에서나 있을 법한 일들이 나타나고 있다.

나는 초등학교 5학년 때 손풍금이라고 하는 아코디언을 합주부에서 연주했다. 크고 무거운 아코디언은 어깨에 메고 가슴으로 안아야 한다. 왼손은 베이스 단추를 누른 채 주름상자를 잡아당겼다 밀었다를 반복하면서 바람을 넣고 빼는 것을 해야 하며, 오른손은 건반을 눌러야 소리가 나는 악기다. 그때 100명이 조금 넘는 초등학교에서 아코디언을 연주하는 이는 나 혼자였다. 그래서 가을 운동회, 학예회 등 큰 행사가 있을 때마다 나는 맨 앞줄에 섰고 내 뒤로 멜로디언, 멜로디카, 리코더 등 다른 악기들 순이었기 때문에 행사가 있는 날에는 괜히 어깨도 올라가고 기분이 좋았다. 그 시절 건반악기 소리에 대한 기억이 대학생이 되었을 때 피아노에 대한 배움의 열정을 다시 꿈틀거리게 했다. 처음 피아노학원에서 배우기 시작했던 바이엘 5권을 모두 마쳤을 때는 너무 뿌듯했다. 바이엘을 뗀다는 것은 가장 기초적인 단계를 넘어섰다는 뜻이다. 피아노 배우기처럼 책 읽기도 글자를 처음 한 자, 한 자씩 익혀서 읽다 보면 한 줄을 읽게 되고, 한 문장을 읽게 되었을 때 하늘을 날 듯한 설레임을 준다.

'천 리 길도 한 걸음부터.'라는 속담이 있다. 이는 아무리 큰일이라도 처음에는 작은 일부터 시작이 된다는 뜻이다. 로버트 브라우닝도 "성공한 사람들이 도달한 높은 봉우리는 단숨에 올라간 것이 아니라. 다른 사람들이 자고 있을 때 한 걸음씩 힘들게 올라간 것"이라고 말한다. 피아노를 연주하는 데 바이엘이 첫 걸음이라면, 공부 우등생이 되는 첫 걸음은 책 읽기로부터 시작된다.

만약, 책 읽기가 서툴 거나 책 읽기를 싫어하는 아이라면 기초학습 능력을 기를 기회가 없어서 공부에 부진하게 되고 점점 공부를 지겹게 느끼게 된다. 기초학습 능력의 유무에 따라 우등생과 열등생이 생긴다. 따라서 초등학교 때 확립한 기초학습 능력은 평생을 좌우하게 된다. 그런데도 우리나라 학부모들은 이런 교육의 기본 원리는 간과한 채, 지나치게 시험성적에만 관심을 가진다. 학원에서 선행학습을 한 암기식 공부로 시험성적이 올라도 공부를 잘한다고 착각한다. 그러나 엄밀히 말하면 그것은 공부가 아니라, 단순한 단기 기억에 불과하다. 진정한 공부란 책 속에서 중요한 정보들을 스스로 가려내고, 그 정보의 의미를 해석하여 자신의 지식으로 탄생시키는 것이다.

졸업한 학부모님이 아이의 공부 때문에 상담을 요청한 적이 있다. 그 아이는 공부에 공 자만 말해도 질색하고, 심지어 '숙제했니?'라는 말에도 온갖 짜증을 내서 어떻게 해야 될지 모르겠다고 했다. '내가 공부하려고 했는데, 엄마 때문에 하기가 싫어.'라며 늘 엄마를 탓한다는 것이었다. 대부분의 부모들은 아이의 공부를 위해 시간과 돈을 아낌없이 투자를 하다 보니, 아이가 공부는 제대로 하는지, 숙제는 해가고 있는 건지 등 무의식적으로 강요 아닌 강요를 하게 된다. 이런 부모의 마음과는 달리 아이들의 공부는 아이들 스스로 자발적인 선택에 의해 시작하려는 의지에 따라 성장하고 발전한다. 따라서 아이가 스스로 선택함으로써 주도적으로 무언가를 시작할 때 자발적인 동기가 부여된다. 대안으로 제시해준 것은 크게 두 가지이다.

첫째, 아이를 위해 공부나 숙제를 체크하고 점검하려들기보다 아이가 스스로 선택할 수 있게 아이의 생각을 물어보는 방식을 취하라고 했다. 가령 '몇 시에 공부를 할 거니?'처럼 아이의 생각이나 의견을 물어보는 식으로 하면 아이가 기분 좋게 공부를 하려는 모습으로 바뀔 것이다. 우선 처음부터 스스로 계획을 세우는 게 어려울 수도 있기 때문에, 선택할 수 있는 몇 가지를 제시해준다. '학교에서 돌아온 뒤 바로 숙제부터 하면 어때?', '숙제를 하고 난 뒤 친구랑 놀면 어때?'라고 물어보는 것이 좋다.

둘째, 인간의 본성 중 '사랑받고 싶은 욕구', '중요한 사람이라고 느끼고 싶은 욕구'는 타고난다. 사람은 누군가 나를 사랑하고, 나를 중요하게 생각한다고 느끼게 되면, 그 사람을 위해 즐거운 마음으로 행동을 하게 된다. 연애를 할 때 상대방에게서 사랑받고 있고 내가 중요한 사람이라는 느낌을 받을 때면, 자발적으로 자기 스스로 무엇인가 하려고 하는 내적 동기를 제공하게 된다. 공부를 함에 있어서도 아이가 스스로 다른 사람을 위해 도와줌으로써 다른 사람에게 사랑받고 있고 중요한 사람이라는 느낌이 들게 하는 것이 중요하다. 예를 들어 '이거는 엄마가 잘 모르는 건데, 네가 알면 엄마에게 가르쳐줄래?', '응~ 그렇구나, 어떻게 알았지? 알려줄 수 있겠니?' 아이는 엄마가 궁금해하는 것을 조금이라도 더 설명을 잘해주려고 노력할 것이고 책을 찾아서 읽게 될 것이다. 이때 엄마가 아이에게 하는 이런 질문들은 아이의 공부, 즉 책 읽기를 스스로 하게 만드는 밑바탕이다.

책 읽기는 모든 공부의 시작이자 출발점이다. 대부분의 부모들이 아이가 공부를 잘하는 우등생이 되기를 바란다면 자녀에게 다른 사교육을 배우게 할 시간에 차라리 책을 스스로 선택하게 해서 한 권 더 읽게 하는 것이 현명한 방법이다. 아이들은 책을 읽는 만큼 그동안 몰랐던 배경 지식이 넓어지기 때문에 덩달아 학습에 필요한 이해력이 좋아질 수밖에 없다. 또한, 책을 많이 읽은 아이들은 그렇지 않은 아이들에 비해 공감 능력이 뛰어나며 남을 이해하는 능력인 이해심도 뛰어나다. 과거 가정에서는 형제자매간에 직접 몸으로 부대끼며 배려와 이해심을 배웠더라면, 지금은 그런 역할을 책임져줄 형제자매의 부재로 인해 그 역할을 대신해줄 대체물인 책이 중요한 시대다. 앞으로 현대화가 더 많이 진행될수록 책을 읽는 것은 형제자매, 부모가 감당했었던 역할들을 대신할 것이다. 따라서 책을 읽는다는 것은 공부를 잘한다는 것뿐만 아니라 삶의 전 과정을 함께하는 반려의 의미로서 삶을 지탱해주고 함께하는 버팀목이 될 것임에 틀림없다.

SLOW READING

07

# 엄마가 천천히 읽으면, 아이도 천천히 읽는다

모든 부모들은 아이가 책 읽는 습관을 들이기를 바란다. 왜냐면 책 읽는 아이는 공부도 잘할 것이라는 기대를 가지고 있기 때문이다. 하지만, 정작 아이에게 독서 습관을 길러주려고 애쓰는 부모들은 '책 읽는 습관을 가지고 있는가? 책을 얼마나 자주 읽고 있는가? 책 읽는 것을 좋아하는가?'라는 질문을 받는다면, 과연 자신 있게 대답할 수 있는 부모는 얼마나 될까? 영국의 시인이자 문학평론가였던 존 드라이든은 "처음에는 우리가 습관을 만들지만, 그 다음에는 습관이 우리를 만든다"는 명언을 남겼다. 그의 말처럼 우리가 살아가는 데 있어서 습관은 우리의 모든 것이라고 할 만큼 중요하다. 평소에 사람들은 '좋은 습관을 몸에 익혀야지.'라는 생각을 늘 하면서도, 그 습관이 우리를 만든다는 생각은 하지 않는다.

습관은 인생을 바꾼다. "세 살 적 버릇 여든까지 간다."라는 속담이 있듯이 어떤 습관이든 어렸을 때 들인 습관은 평생을 간다고 한다. 만약 어린 시절부터 책 읽는 습관을 들인다면 성인이 되어서도 허물없이 책과 함께하는 삶을 살아갈 것이다. 어릴 때 나는 낙동강 하류에 위치한 시골 마을에서 살았다. 우리 집은 낙동강 하류와 가까운 위치에 둑 하나를 사이에 두고 위치했다. 학교 다닐 때, 강을 따라 오래된 수양버들이 가지를 축 늘어뜨린 채 바람에 나부끼는 모습을 볼 때면 때때로 가슴이 설레었다. 그래서 그런지 지금도 수양버들에 물이 올라 새싹이 파릇해질 때면, 그때의 모습이 떠올라 그리움이 가슴을 먹먹하게 한다. 장마철이 되면 동네에서 지대가 가장 낮은 우리 집은 그야말로 아수라장이 되었다. 2003년 태풍 매미가 몰아쳤을 때도 홍수로 기와지붕만 간신히 보인 채, 나머진 물에 다 잠기는 사태가 벌어졌고, 여름만 되면 우리 집은 홍수와의 전쟁을 치러야 했다. 어떨 때는 괜찮을 거라고 생각하다가 물이 무릎까지 올라와서야 부랴부랴 짐을 싸기도 했다. 짐을 싸야 할 때면, 엄마는 늘 책 젖으면 안 되니, 책부터 비닐포대에 넣으라고 하셨다. 그 시절 책이라고 해봐야 교과서와 소설책 몇 권이 전부였는데도 말이다. '책이 사람보다 귀한가? 가만히 있어도 알아서 다 옮겨주고 대접해주니.' 짐 싸기 귀찮아서 괜한 투정을 부리다 야단을 맞기도 했다. 누군가 나한테 어린 시절 책에 대한 에피소드가 있냐고 물어볼 때면, 난 어김없이 비닐포대에 책을 담아서 높은 곳에 올려 두던 웃지 못할 그때를 이야기해준다. 그때 엄마가 책 젖으면 안 된다며 책을 귀하게 여기신 것처럼 성장하면서 어느덧 나도 그때의 엄마처럼 책을 소중하게 여기는 버릇이 생겼다.

우리 엄마는 초등학교 1학년 여름에 독사에 발목이 물려서, 학교를 중간에 그만두었다. 그때는 병원도 제대로 없었기 때문에 외할머니께서 엄마를 업고 한의원을 찾아다니며, 간신히 나았다고 한다. 그때 제대로 공부를 하지 못해서 그런지 엄마는 배움에 대한 갈증이 많았다. 때때로 "그때 뱀에 물리지만 않았어도 학교를 계속 다녔을 텐데."라며 아쉬워했다. 그래서 그런지 배우는 거, 책에 대해서는 다른 누구보다도 욕심이 많으셨다. 옆에서 그런 엄마의 삶을 지켜보며, 엄마의 인생을 조금이나마 보상해드리고자 어쩌면 책, 공부에 더 집착하게 된 건지도 모른다. 실제로 내가 대학을 졸업하고 석사, 박사 과정을 수료할 때도 엄마는 세상을 다 가지신 듯 좋아하셨다.

나에게 있어 책 읽기는 과거 엄마가 이루지 못했던 '배움에 대한 한'일지 모른다. 과거 엄마의 공부할 수 없었던 상황에 대한 안타까움이자, 내 속에 있는 지적 허영이다. 엄마의 삶의 고단함을 지켜봐왔던 나로서는 당연히 나의 아이가 더 나은 삶을 살기를 바라는 마음에서 책을 읽기를 바랐다. 이런 나의 마음은 모든 엄마의 마음일 것이다. 아이가 책을 즐겁게 읽고 좋아하게 되면 공부도 잘할 것 같고, 똑똑해져서 자신보다 더 나은 삶을 개척하게 될 것 같은 마음일 것이다. 모든 아이가 100% 다 그렇게 되지는 않더라도, 오랜 역사 속에서 에디슨, 빌 게이츠, 워런 버핏, 오프라 윈프리 등 '책'을 통해 끊임없는 성장과 발전을 이룩해낸 위인들을 어렵지 않게 볼 수 있듯 이런 엄마들의 마음이 허망한 것은 아님을 알 수 있다.

10여 년 전, 우리가 살았던 김해 지역에 어린이 전용 도서관인 기적의 도서관이 생겼다. 기적의 도서관은 〈책 읽는 사회문화재단〉에서 어린이 도서관의 필요성을 알리기 위해 지자체 및 TV 프로그램인 〈느낌표〉의 '책책책 책을 읽읍시다!' 코너와 협력해 만든 것이다. 결혼하기 전부터 남편과 나는 아이를 낳으면 도서관 근처로 이사한 후 아이들과 함께 책을 가까이하는 삶을 살자는 야심찬 계획을 세웠다. 결국, 우리의 계획대로 기적의 도서관 앞으로 이사를 했다.

지금 초등학교 4학년인 둘째 아이는 집 앞 기적의 도서관에서 몇 시간씩 혼자 책을 보고 온다. 종종 다 못 보고 올 때는 4~5권씩 책을 대출해서 다 본 후 반납한다. 이런 일들은 아이에게 아무렇지도 않은 일상이다. 아이들의 책 읽는 습관은 책을 가까이할 수 있는 주변 환경과 부모의 노력으로 만들어진다. 결국, 책 읽는 환경을 만드는 것도 보고 배우는 것도 부모의 노력에 의해서 이루어진다. 따라서 부모가 책을 읽지 않으면 아이들도 읽지 않는다. 부모가 읽는 모습을 보여주면 아이들도 따라 한다. 교육의 이런 선순환적인 과정은 저절로 이루어지는 게 아니라, 노력에 의해 만들어지는 결과들이다.

『초등 공부 독서가 전부다』의 저자 강백향은 엄마의 독서 습관이 아이의 독서 습관을 결정한다고 한다. 내 아이의 성향을 가장 잘 아는 사람은 아이와 가장 많은 시간을 보내는 엄마이다. 시중에 나와 있는 각종 육아서를 보면, 공감되는 부분도 있고, 다양한 사례들에서 성과가 있다는 결과도 나와 있다. 이는 육아 과정에서 경험하게 되는 아이들의 보편적인 발달 과정이나 특성들로 인해 유사한 경험일 뿐이다. 아이들은 어디로 튈지 모르는 호기심 덩어리로서 아이를 가장 잘 아는 사람은 엄마라는 사실은 여전히 변함이 없다.

나뿐만 아니라 유아나 초등학교에 다니는 어린 자녀를 둔 엄마일수록 아이의 독서에 많은 관심을 가지고 있다. 왜냐면, 이 시기에 책 읽기 습관을 제대로 들이게 된다면 앞으로 수십 년 동안 고생하지 않고 책의 힘으로 성장하는 사람이 될 수 있다고 생각하기 때문이다.

하지만, 아이러니하게도 정작 엄마는 책을 읽지 않으면서 아이에게는 책을 읽으라고 한다. 『우리 아이 진짜 독서』에서 저자 오현선은 정말 중요한 사실은 부모가 책을 읽어야 독서교육을 바르게 할 수 있다는 것이라고 한다. 특히 어린 자녀일수록 주 양육자인 엄마의 영향력에 많이 좌우되기 때문에, 엄마가 먼저 책을 가까이하는 습관을 들여야 하며 책에 대한 지식과 경험을 쌓는 게 중요하다. 또한; 책의 종류에 따라 읽는 법이 조금씩 차이가 나기 때문에, 장르에 따라 다양하게 책 읽는 방법을 고려하는 게 필요하다. 그렇게 한다면 책을 읽고 난 이후 아이의 반응에 적절하게 대응하기가 수월해질 것이고, 독서 교육을 하면서 부딪히는 수많은 문제에 대해서도 효과적으로 대응을 하게 될 것이다.

따라서 아이가 어리면 어릴수록 다른 누구보다 엄마의 영향을 많이 받는다는 사실을 염두에 둬야 한다. 엄마의 성격, 말투, 먹거리, 옷 입는 방법 등 크고 작은 모든 것들을 아이들은 세상의 전부인 엄마로부터 배운다. 그러므로, 아이의 책 읽기 습관은 엄마가 아이에게 책을 어떻게 읽어주느냐에 따라 독서 습관이 결정된다. 이 때문에 아이의 책 읽기도 엄마가 슬로리딩으로 천천히 읽어주는 것이 무엇보다 중요하다. 자녀가 어릴수록 엄마는 슬로리딩을 통해, 아이가 책을 즐겁게 읽을 수 있도록 소소한 습관부터 들여야 한다. 처음에는 재미있고 다양한 목소리를 통해 상상력을 자극해주는 읽기에서 시작하여, 아이가 책을 혼자서 잘 읽게 되는 고학년이 될 경우에는 아이 곁에서 함께 책을 읽는 책 친구 같은 엄마가 되어주는 것도 좋다.

책을 가까이하는 아이들, 책을 멀리하는 아이들, 책만 보면 도망가는 아이들에게는 다 그만한 이유가 있다. 나쁜 습관을 버리고 책을 가까이하는 아이로 키우기 위해서는 아이를 잘 아는 엄마가 제일 좋은 선생님이다. 엄마가 아이의 장단점과 성장 과정을 모두 꿰고 있기 때문에 아이가 피곤해하면 조금 기다려줄 수도 있고, 아이가 흥미 없어 할 때는 아이가 좋아하는 것으로 흥미를 유도할 수 있다. 이렇듯 엄마표 슬로리딩을 어릴 때부터 경험하고 자란 아이들은 당연히 어른이 되어서도 엄마와 함께한 슬로리딩의 잔상과 여운이 오래 남아 있어, 깊이 있는 독서를 하게 될 것이다.

AND THIS IS HOW IT IS
we go home
and we shut our doors
we don't sleep with them open
for fear the world sees in
really sees us
sees our pain
sees our mess
sees the things we can't brush into place
the art we create we're too afraid to show the world
see our broken hearts
we don't open our doors wide
turn the spotlight on
and say, "I haven't done laundry in a week. My
left me. I'm not sleeping."
we just shut the white door
with a blue handle
lie in bed
at the ceiling all night.

I don't buy much anymore
I used to walk in circles
Around department stores
And the curved edges of
Barstools
Searching
But it's all seemed to dissolve
Into a more filling hunger
One that reaches
For the familiar black cotton dress
And the food that's been sitting in the pantry
Because I've stopped preparing for someday
Stopped wandering endless circles
Trying to fill my empty spaces
With things
But this is what happens when survival is a given
And status becomes our new obsession
We conflate our needs and wants
No wonder we are all so anxious
Imagine believing you need so much to get by
52

SLOW
READING

3장

# 내 아이를 위한 7가지 슬로리딩 원칙

"아이와 함께하는 독서는 시간을 따로 내어서 하는 게 아니다.
평범한 하루 일과 속에서 아이가 자유롭게 책을 선택하게 하고,
오감을 통해 제대로 읽히면 된다.
아이가 여러 번 반복해서 읽다 보면 메모도 하고 줄도 치면서 놀이하는 기분으로
독서를 실생활과 자연스럽게 결합시킬 수 있게 될 것이다."

SLOW READING

01

# 책을 일상생활과 결합시켜라

사람들은 새해가 되면 그동안의 자신의 모습을 반성하며 새로운 마음으로 한 해 계획을 세운다. 나 역시 매년 이루고 싶은 일들을 열정적으로 계획을 잡았다가도 대부분 작심삼일로 그치는 경우가 다반사다. 하나의 일을 제대로 끝내지 못할 경우 실패했다는 자책감으로 그 다음 계획까지도 미루기 일쑤였다. 하지만 작심삼일을 한 번 더 하면 작심육일이 되고, 한 번 더 반복하면 작심구일이 되고, 몇 번을 더 반복하다 보면 한 달이 되고 1년이 되기도 한다. 사실 한 해 계획을 세울 때 책 읽기는 언제나 제1순위다. 나뿐만 아니라 다른 사람들도 책 읽기가 삶에서 중요한 비중을 차지한다는 건 당연히 알고 있다. 요즘 우리 사회는 너무 빠른 변화의 시류 속에서 알아야 할 것도 많고, 읽어야 할 책도 너무 많다. 하루에 몇 권씩 온종일 책만 읽더라도 다 읽을 수가 없는 것이 책이다. 그렇지만 악착같이 읽어도 다 읽을 수 없다고 포기하고 살기에는 책이란 존재가 인생에 미치는 파급력이 상당하다는 것을 알기에 안 읽고는 버틸 재간이 없다.

『나는 매일 책을 읽기로 했다』의 저자 김범준은 평범한 회사원 생활을 하면서 13권이 넘는 책을 출간했다. 그는 "밥은 거를 수 있어도 책은 거를 수 없다"고 말한다. 책읽기는 매일 밥 먹고 잠자고 하는 반복된 일상의 일만큼이나 중요하기 때문에 우리가 매일 하는 일상의 습관들처럼 자연스럽게 몸에 베일 수 있도록 하는 게 중요하다. 나루케 마코토는 『책, 열권을 동시에 읽어라』에서 책을 읽지 않는 사람을 '원숭이'에 비유했다. 그런 사람은 책을 통해 쌓은 지식이 없고, 상상력이 빈곤한데다, 자기만의 철학이나 주장도 없이 그저 남의 생각을 마치 자기 생각인양 앵무새처럼 반복하거나 남의 행동을 따라 하기에 바쁘다는 것이다. 저자 김범준, 나루케 마코토는 공통적으로 책이란 인생을 살아가는데 필수불가결한 존재로서, 우리가 숨 쉬고 먹고 잠자는 일상생활에서 하나의 놀이로 편안하게 흡수되어야 함을 강조한다.

한국직업능력개발원은 '2027년 국내 일자리의 52%가 AI로 대체될 것'이라고 예측했다. 일자리 중 지금까지 전문영역으로 손꼽혔던 의사(70%), 교수

(59.3%), 변호사(48.1%) 등의 역량도 대부분 AI로 대체될 전망을 내놓고 있다. 1초당 문서 1억 장을 검토하는 AI변호사 로스, 수십만 명 환자 정보가 입력된 AI 의사 왓슨의 존재로 미뤄 짐작해보아도 그 미래가 멀지 않았음을 알 수 있다. 앞으로의 관건은 AI가 얼마나 거부감 없이 시스템에 녹아들 것인가가 문제이다. 필연적으로 AI가 많은 부분에서 사람을 대체할 것이라는 데는 대부분의 사람들이 동의한다. 이렇게 급변하는 시대에 우리 아이의 미래를 위해 부모가 준비해줄 수 있는 단 하나는 독서하는 습관을 길러주는 것이다.

아이들이 책을 읽는다는 것은 듣기, 말하기, 읽기, 쓰기와 같은 공부의 기본을 깨우치게 된다는 것을 말한다. 그 중에서도 가장 기본이 되는 것은 책 읽기이다. 책을 읽게 되면 책 속에 있는 다양한 경험들을 통해 어떠한 일이 생겨도, 어떤 공부를 하더라도 아이 스스로가 해낼 수 있는 자생력이 만들어진다. 따라서 아이의 책 읽는 습관을 제대로 잡아주기 위해서는 7가지 슬로리딩 원칙을 통해 바른 습관을 길러주어야 한다.

우리는 매일 아침 비슷한 시간에 일어나 씻고 밥 먹고 옷을 입으며 되풀이되는 하루의 일상을 시작한다. 책읽기도 이런 반복적인 하루의 일상 속에 포함이 되어야 한다. 왜냐하면, 책 읽는 시간은 자신을 되돌아보며 반성하는 시간, 새로운 사람과 만나는 시간, 자신의 허전한 내면을 채워주는 행복을 느끼는 시간, 여가를 보다 알차게 채워주는 시간 등 다양한 의미를 가지는 시간들이다. 그렇듯 책 읽기는 사람들의 일상생활과 맞닿은 평행선상에 놓여 있다. 우리가 살아서 움직이며 숨 쉬듯, 책을 읽는다는 건 자신의 본연의 모습을 찾아가는 삶의 여정이 시작됨을 의미한다. 삶의 주인공인 나를 알아가고, 나를 성장하게 하는 책 읽기, 지금 시작하면 된다. 소설가나 작가, 유명인이 하는 대단한 독서가 아니라 지금 자신이 겪고 있는 문제를 해결하려는 마음 자세로 독서를 시작하면 된다.

작년 12월 초에 엄마가 돌아가시고 앞이 막막하니 아무것도 할 수가 없었다. 세상에서 유일한 내 편, 내가 돌아갈 수 있는 마지막 보루였던 엄마가 돌아가시니 감히 슬프다는 말조차 나오지 않았다. 애써 담담한 척 이를 악물며 버텨보지만, 평소에는 아무렇지도 않은 일들이 엄마가 돌아가시고 나니, 사소한 일에도 괜히 울컥하고 서글퍼졌다.

우리는 누군가 돌아가시면 주변에서 장남이나 막내가 너무 서럽게 울면, 망자가 그 슬픔에 목이 메어 발걸음이 제대로 안 떨어진다, 마음 편히 가시지를 못한다는 말로 슬픔을 제대로 표현할 기회조차 빼앗아버린다. 그러니 적당히 울라며 무언의 압력처럼 쉽게 말을 한다. 남은 자를 위로하려고 하는 말인 것을 알면서도 듣는 입장에서는 가슴 아픈 말이다. 아니나 다를까, 엄마가 돌아가신 그날도 어김없이 이 말을 여러 번 들었다. 나는 너무 슬프거나 힘이 들 경우 차마 입 밖으로 슬프다 아프다는 말조차 꺼내지 못하고 끙끙

거리며 속울음을 삼키곤 한다. 이때는 다른 누군가의 위로보다 나 혼자만의 슬픔, 애도의 시간이 필요하다.

장례식장에서 잠시 눈을 붙이거나 쉴 때, 방 안쪽 구석에서 가시라기 히로키의 『절망독서』를 전자책(e-book)으로 읽었다. 이 책은 작년 5월 엄마가 삼성병원에 입원 중일 때, 입원실에서 책으로 읽었다. 그때는 언제 돌아가실지 모르니, 마음의 준비를 하라는 청천벽력 같은 말을 들은 상태였다. 위독한 환자 옆에서 보호자는 기적이 일어나기를 바라는 기도나, 의사의 말대로 죽음에 대해 마음을 준비하는 거 외 현실적으로 할 수 있는 게 없다. 나는 후자를 받아들이기에는 엄마와의 이별이 준비가 안 된 상태라, 그 모든 상황에 대한 돌파구로서 『절망독서』에 몰입했다. 저자는 13년을 희귀병으로 투병 생활을 하면서, 겪었던 일들을 담담하게 써 내려갔다. 위독한 엄마를 보며 절망하는 나에게 그때 필요한 것은 섣부른 격려나 희망이 아님을 알기에, "서둘러 절망을 극복하려 하지 말고, 충분히 절망하라!"는 저자의 말은 어떤 무엇과도 바꿀 수 없는 공감의 말이었다. 깊은 절망의 밑바닥에 떨어졌을 때 무리하게 빨리 수면 위로 올라가려 하면 오히려 나쁜 결과를 초래하게 된다. 마치 바다 깊이 잠수했을 때 갑자기 수면 위로 올라가면 잠수병에 걸리는 것처럼, 극복에는 충분한 시간이 필요하다는 것이다. 엄마가 입원 중일 때는 어쩌면 마지막일 수 있다는 절실함에서 읽었다면, 장례식장에서는 마지막 이별에 대한 절박함으로 읽었던 책. 책은 내 삶에 있어서 소리 없이 줄줄 흘러내리는 눈물

만큼이나 내 경험과 일치할 때 더욱 절실하게 다가온다.

시간을 따로 내서 읽는 게 아니라, 그냥 내가 살기 위해서 숨 쉬듯이 장소를 떠나서 읽을 수 있는 게 책이다. 보통의 사람들에게 평범한 일상이나 예기치 않은 일이 생길 때 운다고, 누워서 슬퍼한다고 문제가 해결되는 게 아니듯, 많지 않더라도 조금이라도 단 몇 줄이라도 책을 읽을 필요가 있다. 책을 읽다 보면 처음에는 눈에 안 들어오던 내용들도 조금씩 눈에 익음으로써 어느새 활자를 쫓고 내용을 쫓고 있는 자신을 발견하게 된다.

책을 읽는다는 건 어떤 특별한 의식을 치르는 게 아니라, 그냥 평범한 일상이다. 매일매일 일어나는 하루 일과 속에서 자연스럽게 책을 읽는 순간들을 결합시켜야 한다. 그럼으로써 책이 우리의 일상으로 들어와 평소에 책을 읽는 생활이 자연스러운 '책 읽는 일상'으로 변화를 끌어주게 될 것이다.

SLOW READING

02

# 책은 아이 스스로가 선택하게 하라

우리나라 속담에 친구 따라 강남 간다는 말이 있다. 이는 자신의 의지와는 상관없이 타인에게 이끌려 덩달아 하게 되는 경우나 예기치 않은 상황에 놓이게 된 경우를 일컫는다. 이런 표현을 할 때는 대개 원치 않는 결과를 얻었을 때나 좋은 결과를 얻지 못했을 때 자주 사용하게 된다. 어릴 적 학창 시절을 돌이켜보면 선생님이나 부모님, 주변 어른들로부터 종종 '친구를 잘 사귀어야 된다.'는 말을 들으면서 자랐다. 이 말 속에는 배울 점이 하나라도 있는 친구, 공부를 잘하는 친구, 나쁜 친구나 못된 친구는 사귀지 말았으면 하는 강한 바람이 들어 있다. TV 드라마나 뉴스 등 각종 매스컴에서 종종 자녀들이 사고를 칠 때면, '우리 애는 원래 머리 좋고 착한데, 친구를 잘못 만나 물이 들어 그렇다.'라는 말로 나쁜 친구 탓으로 책임을 전가하는 모습들을 보인다. 우리는 이런 이야기들을 자라면서 수도 없이 들어온 탓에 이왕이면 우리 아이들도 좋은 친구 만나서, 좋은 영향을 받아 좋은 대학 들어가고 취직해서 행복한 삶을 살기를 원한다.

큰아이가 6살 때 덩치 큰 친구들이 무섭고 유치원도 재미없어 안 갈 거라며 심하게 떼를 쓴 적이 있다. 그때 나는 워킹맘으로서 아이를 유치원 보내놓고, 출근을 해야 되는 상황이라 눈앞이 캄캄했다. 나 대신 아이를 봐줄 사람도 없고, 여섯 살짜리를 집에 혼자 있게 할 수도 없어 발만 동동거리다, 아이를 겨우 설득시킨 다음 차에 태우고 유치원으로 출발했다. 그때 차가 정지신호에 멈출 때마다 짬짬이 시공 주니어에서 나온 무지개 물고기라는 예쁜 동화책을 읽어줬다. 책의 줄거리는 거만하고 잘난 척하기 좋아하는 무지개 물고기에 관한 이야기이다. 그 물고기는 한눈에 봐도 반짝거리는 비늘을 가지고 있어서 다들 부러워했다. 하루는 다른 파란색 물고기가 반짝이는 비늘을 하나만 나눠달라고 하자 무지개 물고기는 화를 내면서 거칠고 기분 나쁘게 거절을 했다. 그 일로 인해 친구들 사이에 소문이 나면서 무지개 물고기는 한순간에 왕따가 되어버렸다. 문어 아저씨는 이 일을 해결하는 방법으로 무지개 물고기가 가장 소중하게 여기는 반짝이 비늘을 친구들에게 나눠주라고 말한다. 그리고 무지개 물고기는 친구들에게 자기가 소중하게 여기는 반짝이 비늘을 하나씩 나눠주자 기분이 좋아짐을 느꼈고, 친구들이 다시 와서 무지개 물고기와 친구가 되었다는 이야기다. 이 이야기는 아이에게 몇 번을 읽어줬던 이야기이다. 짜증이 난 아이는 시간이 조금 지나자 오돌토돌한 페이지를 손으로 만지거나 그림에 나오는 다양한 색깔들에 관심을 드러내기 시작했다. 나는 운전하면서 구연동화로 스토리를 조금씩 들려줬다. 친구들이 무지개 물고기를 왜 싫어하게 되었는지 이유도 알아보며, 처음부터 무지개 물고기를 싫어한 게 아니라 무지개 물고기의 태도가 어땠는지, 친구를 사귈 때는 어떻게 해야 하는지…. 거의 15분가량 스토리를 엮어 나갔다. 유치원에 도착하자 아이는 "알겠어요. 엄마. 친구랑 잘 지낼게요."라며 말하지 않았는데도 웃으며 유치원에 들어간 기억이 있다.

책, 책은 육아에서도, 살아가면서 힘든 고비를 만나거나 행복한 순간에서도 장르 불문하고 사고를 성장시키고, 생각의 힘을 길러주는 귀한 선물이다. 그래서 "책을 선택할 때는 친구를 선택하듯 신중하게 선택하라."라는 말이 있다. 책은 어쩌면 친구 이상으로 삶을 살아가는 데 중요한 영향력을 가짐으로 그만큼 신중하게 선택해야 함을 내포하는 것인지도 모른다. 한 권의 좋은 책은 사람의 인생을 바꿔놓기도 한다. 데카르트는 "좋은 책을 읽는 것은 과거의 훌륭한 사람과 대화하는 것과 같다."라고 말했다. 그렇다고 무턱대고 책을 많이 읽으면 좋다고 생각하기 쉬운데, 친구도 다다익선으로 무조건 많다고 좋은 게 아니듯 책도 마찬가지로 신중하게 선택해야 한다.

A라는 지인은 아이가 10살이 되었는데, 책 읽기를 싫어한다며 도움을 청했다. A는 아이가 글자가 많은 책은 전혀 손에 대지도 않고, '마법천자문' 시리즈나 'why' 시리즈 책과 같은 학습만화 시리즈 위주로만 책을 본다며 속상해했다. 이야기를 들어보니, 아이는 책을 싫어하는 게 아니라 책을 못 읽는 거였다. 왜냐면 3살 후반 눈높이 교재를 통해 한글을 빨리 뗀 이후부터 아이 혼자서 책을 쭉 읽기 시작해서 어떤 땐 20권 이상도 읽어서 독서 영재인 줄 알았다고 한다. 그런데, 학년이 조금씩 올라갈수록 책에 있는 글자는 많아지고 그림은 줄어드니, 흥미가 떨어져서 책과 아이의 거리가 멀어지게 된 것이다. 책과 아이의 거리가 멀면 아이가 책을 읽을 수가 없게 된다. 어떤 책이든 재미가 있어야 가까이 가서 책을 읽고 만지게 된다. 그런데도 A는 책을 아이가 선택하게 하는 게 아니라, 당연히 권장도서나 그 나이 때 읽어야 하는 세계명작 위주로 읽게 하고, 아이가 좋아하는 책은 선택하지 못하게 했으니 당연히 거리가 멀어질 수밖에 없는 상황이었다. 아이의 책을 고를 때 A가 고르기보다는 서점에 함께 가서 아이가 좋아하는 책을 선택하라고 한 뒤, 한 권 정도는 아이 연령보다 쉬운 책을 선택해서 단계적으로 아이가 쉽게 접근할 수 있도록 유도하기를 권했다. 아이가 책을 읽을 때 부모들은 '책 고르기'는 책 읽는 아이가 되는 출발점이자 가장 중요한 요소라는 것을 간과하기가 쉽다. 우리가 옷을 고를 때 선호하는 디자인이나 색깔이 있듯 책을 선택할 때도 아이마다 책의 크기, 모양, 색깔 등 다양한 요인들에 매력을 느끼게 되는데도 말이다.

장 폴 사르트르는 "인생은 Birth(B)와 Death(D) 사이의 Choice(C)다."라고 말했다. 그의 말처럼 인생이란 끊임없는 선택의 연속이라는 것은 누구도 부인할 수 없다. 우리는 살아가면서 계속된 선택의 기로에 놓이게 된다. 머리를 길게 할지, 짧게 잘라야 할지, 밥을 먹을지 국수를 먹을지, 길을 걸을 때도 오른쪽으로 갈지 왼쪽으로 가야 할지, 이런 단순한 선택들에서부터 어떻게 살아야 잘 사는 것인지, 나의 꿈은 무엇이며 어떤 게 바른 선택인지와 같은 중대한 선택에 이르기까지 선택의 연속선상에 있다. 그만큼 선택은 중요하며 선택을 할 때 가장 많은 영향을 미치는 것은 가치관이다. 가치관은 우리가 선택을 할 때 중심기준이 된다. 어릴 때는 가정에서 부모님의 가치관이 절대적인 영향을 미쳤다면, 점점 자랄수록 친구나 주변인들의 영향도 상당수 받게 된다. 하지만, 인생을 살아가면서 세대를 초월하여 가장 손쉽게 많은 영향을 주는 것은 다름 아닌 책이다. 책은 한 사람의 인생을 바꿔놓기도 하며, 책 속 저자의 가치관에 영향을 받은 이들은 가정, 지역사회 국가를 넘어 전 세계를 바꿔놓을 수 있는 폭넓은 혜안을 갖춘 인물이 되기도 한다.

그러므로, 부모들은 아이들이 자유롭게 마음껏 책을 고르도록 이끌어주어야 한다. 요즘은 정보력이 뛰어나고 선택할 수 있는 대안이 다양하기 때문에 아이는 자신의 선택에 걸맞은 이유를 조금씩 찾게 될 것이다. '교육은 백년지대계'라는 말이 있다. 교육뿐만이 아니라, 아이들 책 읽기 또한 백년지대계의 마음가짐으로 임해야 한다. 왜냐하면, 급변하는 사회문화적인 환경에서 책 읽는 방법도, 책의 장르도 추구하는 스타일도 그에 맞게 조금씩 변화의 발자취를 따라가고 있기 때문이다. 이런 사실을 염두에 둔다면, 아이들이 신명나게 세상을 살아가기 위해서는 부모의 C(Choice)가 아닌 아이들의 C(Choice)에 의해 마음껏 책을 선택할 수 있게 지켜봐야 한다. 아이들은 어른들이 생각하는 것처럼 책에서 큰 의미나 교훈을 찾으려고 하기보다는 그냥 재미있어서 읽다 보니 웃겨서 그래서 책을 읽을 수도 있다. 아이들의 무한한 상상력과 창의력은 정형화된 틀에서 나오는 게 아니라, 얽매임 없는 자유분방함에서 나오는 감성적인 부분에서 폭발하게 된다.

어릴 때부터 아이들이 독립적으로 책을 고를 수 있는 선택의 기회를 서서히 몸에 익히기 시작한다면, 아이들은 자신이 무엇을 좋아하는지 스스로 찾아 나서게 될 것이며, 자신의 꿈을 찾아 잘하는 분야를 향해 에너지를 맘껏 쏟을 것이다. 또한, 선택을 인정받는 것은 한 사람으로서 존중받고, 특별한 존재로 대접받는다는 것을 의미한다. 따라서 이런 아이들은 자기 본연의 모습을 있는 그대로 긍정함으로서 자신감을 갖고 스스로를 높이 평가하는 삶을 살게 될 것임에 틀림없다.

SLOW READING

03

# 입으로 읽기보다는 오감으로 읽게 하라

사람들은 책을 마음의 양식이라고 한다. 음식을 통해 우리가 몸에 필요한 에너지를 얻듯이, 책을 통해 생각과 마음의 에너지를 채울 수 있기에 책을 마음의 양식이라고 한다. 그렇다면 우리는 과연 책을 어떻게 읽어야 하는가? 보통 성인들의 경우 눈으로 읽기도 하며, 가끔 입으로 소리 내어 읽거나, 마음으로 읽으라고 말하는 등 상황에 따라 다르게 말한다. 반면, 어린 유아들은 책을 보다 재밌고, 기억에 오래 남을 수 있도록, 책 읽는 즐거움을 느낄 수 있는 다양한 경험과 여러 가지 자극을 통해 오감으로 책 읽기를 해야 한다.

세계적인 생리학 석학이자 『생각의 탄생』의 저자인 로버트 루트번스타인 교수는 "유아기 다양한 경험과 자극이 창의력과 문제 해결력을 키운다"고 한다. 생리학자인 그가 유아의 창의력 교육에 관심을 갖게 된 데는 창의적인 성인의 어린 시절을 조사했을 때 노벨상 수상자의 대다수가 홈스쿨링을 택했으며 그들만의 교육, 남다른 생각을 이끄는 사고 체계가 있다는 사실을 알게 되었기 때문이다. 특히, 세계적인 과학자나 예술가들은 어릴 때부터 오감을 활용하는 방법을 잘 알고 실천하는 사람들이었다.

뇌 과학자들의 다양한 연구 결과를 살펴보면 질병으로 감정이 없어진 사람들은 문제 해결력이 현저히 떨어진다는 사실을 알 수 있다. 감정이 없기 때문에 어떤 문제에 대해 관심을 갖지도 않고 문제 해결에 대한 적극성도 보이지 않는 것이다. 반대로 평소 오감을 활용해 호기심을 발휘하는 사람들은 어떤 상황을 맞으면 세밀하게 기억하고 다양한 방식으로 결과를 도출하려는 욕구가 있었다. 일본 토호쿠 대학의 카와시마 류타 교수도 뇌 활성화에 특정 행동이 어떤 영향을 주는지에 대해 연구를 했다. 그에 따르면 눈으로 읽기보다는 입으로 읽는 것이 좋고, 눈이나 입보다는 손으로 읽는 것이 더 효과적이라고 한다.

첫돌 전 아기에게 피부는 제2의 뇌이다. 서울대 서유현 교수는 "피부는 태내에서 처음 생겨날 때 뇌와 같은 외배엽에서 나와 발달했고, 피부의 신경세포는 풍부한 신경회로로 나뉘어 연결되어 있다"고 말한다. 실제로 피부를 통해 들어온 정보는 아주 미세한 자극이라 하더라도 다른 감각보다 빨리 뇌로 전달된다. 그렇기 때문에 이 시기는 다른 무엇보다 스킨십이 굉장히 중요하다. 아기는 어른보다 50배나 더 강력한 감각 능력을 가지고 태어나기 때문에 3세까지는 본능적인 감각을 통해 세상을 학습한다. 인간의 감각은 3세 전에 가장 활발하게 발달하며, 자극을 주고 체험을 시켜야 더 잘 발달한다. 엄마는 아이에게 이것저것을 만지고, 보고, 듣고, 맛보게 해줄 때 아이는 뛰어난 감각을 지닌 소유자로 자라게 된다. 시각, 청각, 촉각, 후각, 미각은 두뇌가 판단을 내리기 전에 세상에 대한 정보를 두뇌에 제공해주는 역할을 한다. 이런 오감의 협조가 있어야 인간의 두뇌는 풍부한 사고와 정확한 판단을 내릴 수 있게 된다.

결국 로버트 루트번스타인, 카와시마 류타, 서유현 교수는 아이들의 오감이 활발하게 발달해야 두뇌도 우수해짐을 공통적으로 이야기하고 있다.

중년이 넘은 세대에게 생리적 호르몬의 변화로 인한 심리적 신체적인 변화가 동반되는 '갱년기'가, 십대들에게는 이성에 대한 느낌과 심신이 급격하게 발달하는 '사춘기'가 있듯이 어린 유아들에게도 다양한 감각들이 발달하는 '감수성기'가 있다. 사춘기 때 감정적 신체적인 변화에 잘 적응해야 이성과 감성 부분이 균형 있게 조화를 이루듯 아이들의 경우 감수성기에 오감을 골고루 자극받지 못하면 감각이 제대로 발달하지를 못한다.

맞벌이하는 엄마를 둔 윤서는 어릴 때 엄마의 승진시험으로 인해 감수성기인 유아기 때 연세가 있는 할머니에게 맡겨졌다. 할머니는 청소나 집안일을 할 때 TV를 틀어놓은 채 아이가 조용히 보고 있으면 별다른 반응을 보이지 않고 하던 일을 계속했다. 예전 할머니 세대가 아이를 키울 때는 다 그렇게 키웠다며 손녀인 윤서에게도 예전 방식대로 돌보았다. 그런데 시간이 지날수록 아이는 눈 맞춤도 안 되고, 언어도 느릴 뿐만 아니라, 대소근육의 움직임도 나아지지를 않았다.

이와 같이 감수성기의 아이들에게 TV의 지나친 청각 시각적 자극은 두뇌의 발달을 이끄는 것이 아니라 두뇌에 스트레스를 유발하게 된다. 싸움 소리, 고음 등이 신경에 전달되면 아이들의 두뇌도 신경질적으로 반응하듯이 말이다. 맹목적으로 TV를 틀어놓은 채, 함께 놀아주거나 만지면서 책도 읽어주는 등 다양한 자극을 통해 오감을 키워야 하는 중요한 시기임에도 이 시기를 놓쳐서 그런 결과가 나타나게 된다. 아이가 어린 유아일수록 모든 감각적 발달이 두뇌 발달로까지 이어지고, 두뇌가 발달함으로써 하고자 하는 의지 발현까지 이어지게 된다.

가끔 어린아이와 함께 카페에 있는 엄마들을 보게 된다. 아이는 태블릿에 시선이 고정된 채 빠르게 움직이는 화면을 응시만 하고 있고, 엄마들은 수다 삼매경에 빠져 있다. 오감을 발달시켜준다는 명목으로 더러는 아이가 좋아한다는 미명하에 화면 전환이 빠른 영상이나 유튜브 화면 앞에 아이들을 장시간 앉혀놓고 있다. 유아기는 정서나 언어적인 자극이 필요한 시기임에도 직접적인 감정과 언어표현은 자주 해주지 않고, 기계적인 자극에만 장시간 아이를 노출시키다 보면 언어 발달과 표현력 등에서 또래보다 현저히 늦어지거나 부적절한 행동을 하는 등 다양한 문제를 일으키게 된다. 이런 부분들은 비단 아이를 키우는 엄마들뿐만 아니라 우리 사회 전체가 관심을 가져야 하는 사회적인 문제이다. 아프리카의 속담처럼 아이의 육아는 개인뿐만 아니라 온 마을, 우리 사회가 함께 짊어져야 할 문제이기 때문이다.

사람들에게 책은 단순히 보는 것에만 그치는 것이 아니라 익숙한 것에서 새로운 것을 발견하는 눈을 갖게 한다. 김춘수 시인이 "내가 그의 이름을 불러주기 전에 그는 다만 하나의 몸짓에 지나지 않았다"고 이야기하듯, 어떤 의미를 부여하느냐에 따라서 존귀한 존재가 될 수도 존재감을 느끼지 못할 수도 있다. 우리가 책을 읽을 때는 이렇듯 새로움을 느끼고 새로운 무언가를 찾아내기 위해 모든 감각을 깨워서 읽어야 한다. 왜냐면 인간은 이성으로 앞선 판단을 하기보다는 본능적으로 오감을 통해 사물을 판단하고, 받아들이거나 때론 거부하는 과정들을 거치면서 발전해왔기 때문이다. 그러므로 머리에서 입으로만 하는 독서가 아니라 어려서부터 온 정성을 다하여 즐겁게 오감을 발달시켜 사물을 관통하듯 책을 읽어야 한다. 또한, 책은 눈으로만 읽지 말고 가슴으로 느끼면서 읽고 손으로 만지며 떠오르는 생각들을 메모하고 몸으로 실천하면서 오감을 통해 체화되는 책 읽기 습관을 들여야 할 것이다.

SLOW READING

04

# '많이'보다는 '제대로' 읽혀라

만약, 누군가 내게 책을 읽는 이유가 무엇이냐고 물어본다면 나는 뭐라고 말을 할까? 책을 읽는 이유는 사람마다 다양하다. 하지만, 나는 그동안 책을 읽는 이유를 어떻게 표현해야 할지 난감해서, 단순히 '새로운 지식을 흡수하여 지식에 대한 목마름을 해소하려고 읽는다.'거나 아님 '그냥 재미있어서'라는 식으로 얼버무렸다. 그런데 가만히 생각해보면 내 스스로가 책을 찾아 읽고 싶어 못 배길 때는 『표현의 기술』에서 저자 유시민이 말한 것처럼 '외롭고 힘들고 슬플 때 그런 부정적인 감정의 무게를 견디기 위해' 책을 두드렸고 읽고 있었다.

책을 읽으면 책을 통해 부정적인 압박감을 털어버리는 카타르시스를 느낀다. 그로 인해 새로운 에너지를 얻게 되고 삶의 활력을 찾았다. 이런 공감을 불러일으키는 상황들은 여러 권의 책을 읽는다고 피할 수 있는 것이 아니라, 사실은 한 권의 책을 읽더라도 제대로 얼마만큼 젖어 들고 공감하느냐에 따라 책 읽는 효과도 달라진다. 유시민 작가도 『표현의 기술』에서 말하기를 "다시 한 번 말씀드립니다만, 책을 많이 읽는데 집착하지 마시길 바랍니다. 단 한 권을 읽더라도 책 속으로 젖어 들어야 합니다."라며 꼼꼼하게 제대로 된 한 권의 독서를 권하고 있다. 사람의 마음에 공감을 불러일으키고 위안을 주는 것은 양적인 규모의 푸쉬가 아닌 잔잔한 감동을 주는 질적인 울림이어야 한다.

어릴 때 내가 살았던 곳은 시골이라 집에는 교과서 외에는 책이 거의 없었다. 그래서 책이라고 하면 먼저 교과서, 신문, 커다란 달력이 떠오른다. 달력 뒷면에다 그림을 그리고, 날짜를 거꾸로 따라 쓰기도 하며 놀았다. 실제로 내가 책을 읽기 시작한 것은 초등학교 때 교실에 있는 학급문고에서 책을 읽기 시작하면서이다. 그 당시 학급문고에 있는 조그만 3단짜리 책장에는 신간 동화책 몇 권, 낱개로 된 어린이전집, 기증받은 책이 전부였다. 지금 볼 때는 초라하지만, 그 시절에 학급문고는 커 보였고, 책을 대출할 수 있는 것만으로도 좋았다. 그때까지 책은 교과서, 학급문고에 있는 책, 서점에서 파는 참고서 및 진열된 책이 전부인 줄 알았다.

성장하면서 대규모의 온라인 오프라인 서점, 다양한 종류의 도서관들, 수많은 장서를 경험하면서 우리가 살고 있는 이 세계가 무궁무진한 책의 바다로 둘러싸여 있음을 알게 되었다. 어쩌면 유년 시절에 경험하지 못했던 책과 관련된 환경적인 아쉬움들을 내 아이에게는 물려주고 싶지 않은 마음에서 환경적으로 책을 쉽게 접하게 해주려고 노력을 기울였다. 다행스럽게도 두 아이 모두 책을 좋아하고, 거부감 없이 생활 속에서 책을 자연스럽게 읽는다.

어릴 때 할머니 댁에 갈 때도, 잠깐 승강기를 탈 때도 늘 손에는 책이 들려 있었다. 거실에서도 바로 앉아서 읽기보다는 소파에 거꾸로 누워서 읽기도 하고 물구나무서서 책을 보는 등 재미있는 모습을 종종 보인다. 가끔 아이가 어떤 책을 읽는지 궁금해서 보면, 읽었던 책을 읽고 또 반복적으로 읽고 있다. '읽었던 책인데 또 보니?'라고 물어보면, '재미있어서요. 볼 때마다 재밌어요.'라며 어른스럽게 말을 한다. 사실, 책 읽기는 옆에서 이렇게 해라 저렇게 해라며 교육적으로 아무리 접근을 해도 사실상 제대로 되기가 쉽지 않은데 두 녀석은 알아서 해나가고 있으니 그 모습이 대견스럽기도 하다.

한번은 큰아이가 중학교 1학년 때 전교생을 대상으로 한 독서 이벤트에 참가한 적이 있다. 상품은 책이었는데, 큰아이도 이벤트에 참여했다. 채택이 된 몇 명 아이들의 글을 사서 선생님과 국어 선생님이 보고 아침 자율학습시간에 방송으로 읽어주었는데 큰아이의 글이 채택되었다.

"엄마님께!!

이번에 안내장에 독서실 이벤트 상품을 보고 엄마 생각이 제일 먼저 떠올랐습니다! 주제는 '혜민 스님의 『완벽하지 않은 것들에 대한 사랑』' 엄마가 책을 좋아하기도 하고, 책 제목을 보니 엄마 생각이 나서 참여하게 되었어요.

예전에 제가 쓴 일기장을 봤는데 모든 일기의 내용들이 '오늘 엄마~'로 시작해서 '엄마~'로 끝이 났어요. 지금 생각해보면 제일 기억에 남는 내용은, 옛날에 엄마가 내 앞에서 거의 처음으로 울었던 적이 있었어요. 그때가 외할아버지가 병원에 가셨을 때였는데, 엄마가 그때 정말 처음으로 내 앞에서 울었어요.

솔직히 그때 나는 별다른 생각이 없었어요. 지금 생각해보면 정말 어리석은 모습이었죠. 왜냐면 나는 엄마한테 아무런 도움도 주지 못했고, 엄마는 계속 울기만 했어요. 별 생각이 없었다고는 하지만 그때 그 모습은 나에게 굉장한 충격이었어요. 친할머니, 친가 쪽, 때때로 아빠에게 서운한 대접을 받더라도 울지 않고 끝까지 버티고 내색하지 않던 엄마가 처음으로 운 거니까요.

엄마, 엄마 이제는 내가 엄마에게만 기대지 않고 나이도 '나름' 먹었잖아요. 그래도 그때 어릴 때보다는 꽤 나아졌잖아요? 그와 동시에 말썽을 피우는 일도 잦아졌지만요. 엄마 항상 사랑해요. 엄마 꼭 모두에게 의지가 되는 사람이 아니더라도 때때로 엄마도 다른 사람에게 의지를 해도 괜찮은 거예요!!! 엄마, 울고 싶을 때는 울어도 괜찮아요. 완벽도 좋지만 꼭 그렇지 않은 엄마도 나에게는 변함없이 소중해요. 알죠? 엄마~. 부족하지만 열심히 노력할게요. 항상 행복하세요.

큰딸 올림."

며칠 뒤, 예쁜 봉투에 담긴 큰아이의 글과 함께 혜민 스님의 책을 받았다. 늘 어리게만 느껴졌던 아이가 이런 생각을 하고 있다니, 놀랍기도 하고 미안하기도 했다. 글을 읽으면서 마음이 울컥하니 나도 모르게 목이 메어왔다. 사실, 이 편지는 큰아이가 사춘기로 한참 방황하고 힘들게 할 때도, 지금 글을 쓰고 있는 이 순간에도 나와 함께한다. 아이의 마음을 읽고 있으면, 분노나 속상함도 어느새 누그러진 채 "그래 내 아이지. 내 아이. 날 사랑해주는 내 아이지."란 생각에 마음을 다시 돌아보게 된다. 이렇듯 아이의 글은 봉투 그대로 몇 년이 지난 지금도 나에겐 보물 1호다. 프랭클린 플래너에 늘 함께하는 나만의 충전재다. 『완벽하지 않은 것들에 대한 사랑』에서 혜민 스님은 "슬프면 좀 슬퍼해도 괜찮아요. 내가 어찌할 수 없는 아픔이 있다면 아프다고 이야기해도 괜찮아요. 우리가 힘든 까닭은 일어난 일을 받아들이지 못하고 심리적으로 저항하기 때문입니다. 힘들어하는 나를 저항하지 말고 괜찮다, 괜찮다. 오늘 그냥 허락해보세요."라는 구절이 있다. 누구에게도 들키지 않고 내색하지 않았던 아픔을 그대로 들켜버린 것 같은 기분 좋은 부끄러움. 아이를 통해 깨우침을 하나 더 얻게 된 순간이다.

아이들의 의식은 맑고 순수해서 부모의 억압되어 있는 감정과 상처를 마치 '거울'처럼 비추어 준다. 그때의 나는 객관적인 글로써 내 모습을 아이에게 들켜버렸으니 머쓱하기 그지없었다. '이 녀석 참 많이 컸네. 마냥 어린 줄로만 알았는데…'라고 속으로 많이 대견해 했다.

세종대왕이 한 권의 책을 100번 읽고 100번 쓰는 백독백습을 통해 반복적으로 책을 읽었듯이, 큰아이 역시 한 권의 책을 많게는 50번 가까이도 읽고 또 읽기를 반복했다. 반복적으로 책을 읽게 되면 그 전에 몰랐던 문구나 문장의 의미를 유추를 통해 자연스럽게 깨우치게 되고 현실에서 경험하지 못하는 상상의 일들을 간접 경험하게 되는 장점을 가지게 된다. 독서 책 읽기에 재미를 느끼기 위해서는 여러 권의 책이 필요하지 않다. 제대로 된 한 권의 책이면 충분하다. 호기심을 자극하고 꿈을 꿀 수 있도록 무한한 상상의 날개를 펼 수 있는 한 권의 책을 만난다면 주변에서 강요할 필요 없이 아이들 스스로가 자연스럽게 책을 가까이하게 된다.

부모들은 아이가 책을 많이 읽으면 좋다는 생각에 책을 무조건 많이 읽고,

빨리 읽히려는 사회적 분위기에 편승하여 자칫 속독이나 다독에 치우치는 경향이 있다. 이는 아이가 책을 흡입하듯 읽기만 한다면 책 속에서 얻을 수 있는 가치나 진정한 즐거움을 제대로 느끼기도 전에 책을 덮어버리게 되는 상황을 만들기도 한다. 이런 상황들이 반복되다 보면 책에 대한 아이의 흥미가 떨어지는 결과를 초래하게 된다. 아이들에게 독서 습관을 길러주려면 아이들이 책을 재미있게 읽고 다시 책을 읽고 싶어 하도록 만들어주면 된다. 책 한 권을 제대로 선택해서 엄마와 함께 깊이 있게 읽는 경험을 함으로써 책의 재미에 빠지게 만들면 책을 통해 사고하고 상상하는 것을 즐기게 될 것이다. 그러므로 여러 권의 책을 많이 접하게 하기보다는 제대로 된 한 권의 책을 통해서 제대로 읽히는 습관부터 들이는 게 필요할 것이다.

SLOW READING

05

# 반복해서 낭독하게 하라

책을 소리 내어 읽는다는 것은 여러 가지 장점이 있다. 우선 소리를 내어 책을 읽음으로써 책의 내용을 빠짐없이 파악할 수 있고, 목소리가 귀에 들리면서 저자 특유의 호흡과 리듬을 익힐 수 있어서 즐겁다. 조선 시대 서당 교육인 훈장님이 어린 학동들을 대상으로 한 소리 내어 천천히 읽고 반복해서 읽고 또 읽었던 낭독은 과학적인 접근법이었다. 짧은 시나 시조 같은 경우 낭독을 하다 보면 자신도 모르게 몸으로 체득이 됨으로써 자연스럽게 외워지게 된다. 좋은 문장에는 가락이 있듯 명문장일수록 소리 내어 읽으면 입에 착착 감기게 된다.

고등학생 때 국어 시간에 책에 나와 있는 시나 시조를 모두 낭독해서 외우는 수행평가가 있었다. 그것도 빨리 외우는 순서대로 가산점을 받는 방식이었다. 그때 왜 이렇게까지 하는 거냐며, 친구들끼리 모여서 괴짜 선생님이라며 불평했던 기억이 있다. 하지만 신기하게도 20년이 지난 지금도 그때 여러 번 반복해서 외웠던 시들은 가끔 생각이 난다. 어떨 땐 걷다가 입 밖으로 무심결에 한두 마디씩 흘러나올 때도 있다.

그때는 무조건 여러 번 반복해서 낭독하라는 말이 구시대적인 발상이라며 '굳이 낭독해서 외울 필요가 뭐 있느냐? 작가의 의도를 파악하고 시대적인 특징을 이해해서 문제를 풀 수만 있으면 되는 거지, 괜히 우리를 못 괴롭혀 안달이네'라며 외우기 싫어 몸부림쳤다. 특히, 지금도 국어 교생실습 선생님이 실습 마지막 시간에 불러주었던 김소월 시인의 「진달래꽃」은 잊을 수가 없다. 비가 추적추적 내리는 날씨에 조그만 체구의 빼빼 마르신 선생님이 열정을 다해 불러주시던 진달래꽃. 그날 그 시간 이후 「진달래꽃」은 우리에게 그 당시 유행하던 노래보다도 더 자주 불렸던 우리만의 애창곡이 되었다.

"나 보기가 역겨워 가실 때에는 말없이 고이 보내 드리오리다.
영변에 약산 진달래꽃 아름 따다 가실 길에 뿌리오리다.
가시는 걸음걸음 놓은 그 꽃을 사뿐히 즈려밟고 가시옵소서.
나 보기가 역겨워 가실 때에는 죽어도 아니 눈물 흘리오리다."

우리가 눈으로 책을 읽을 때는 온통 눈에만 온 신경을 집중해서 읽는 반면, 소리 내어서 책을 읽을 경우 눈뿐만 아니라 입과 귀 등을 모두 동원해서 읽게 되기 때문에 훨씬 많은 감각기관을 사용함으로써 더 많은 집중력을 필요로 한다. 집중을 많이 한다는 것은 그만큼 내용 습득도 더 잘된다는 의미이다. 또한 소리 내어 읽기는 집중력 외에도 읽기 능력을 향상시킨다. 읽기 능력이란 정확한 발음, 끊어 읽기, 감정이입으로 실감나게 읽기 등을 모두 포함하는 능력이다. 따라서 뇌 발달 측면에서 볼 때도 소리 내어 읽기는 눈으로만 읽을 때보다 훨씬 더 효과적이다.

일본 토호쿠 대학의 카와시마 류타 교수는 어떤 행동이 뇌 활성화에 영향을 주는지를 연구하다가 소리 내어 읽기의 중요성을 발견했다. 그는 생각하기, 글쓰기, 읽기 등 무엇을 하느냐에 따라 뇌 속에서 반응하는 부위가 다르며, 이때 반응하는 부위는 혈액순환이 좋아진다고 주장한다. 소리 내어 읽을 때 뇌신경 세포는 70% 이상 반응하는 것으로 나타난다. 이는 묵독이나 그저 외우기 등을 했을 때보다 훨씬 높은 수치였다. 이 수치만 봐도 소리 내어 읽기가 뇌를 얼마나 더 자극하고 활성화시키는지 알 수 있다.

소리 내어 읽기를 할 때 우리는 눈으로 1차로 보고, 입으로는 2차로 소리 내며, 귀로는 3차로 듣고, 음파에 의해 전신으로 읽는 4단계의 읽기 과정을 거친다.

소리 내어 읽기를 하면 구강 구조도 좋아진다. 특히 구강 구조가 형성되는 저학년 아이들은 소리 내어 읽기를 많이 할 경우 구강 구조가 좋아져 발음이 정확해지고 말을 명확하게 할 수 있다. 또한 소리 내어 읽기를 많이 하다 보면 의미 단위로 끊어 읽기를 잘할 수 있게 된다. 학생들 중 가끔 고학년인데도 책을 읽을 때 더듬더듬하거나 겨우 끊어 읽는 정도밖에 못하는 아이들이 있다. 이는 소리 내어 읽기를 자주 하지 않아서 의미 단위로 끊어 읽는 연습량이 부족하기 때문에 그런 것이다.

아이가 소리 내어 읽기를 잘하기 위한 노하우는 다음과 같다.

1. 매일 조금씩 읽힌다. 장시간 읽게 되면 힘들기 때문에 20분 정도의 글 내용에 맞게 실감나는 목소리로 읽게 한다.
2. 큰 소리로 또박또박 분명하게 읽게 한다.
3. 책은 부모 앞에서 읽게 한다. 아이가 혼자 책을 읽게 되면 대충 읽어서 넘어가거나 소리를 엉망으로 낼 수 있기 때문에 부모 앞에서 정성스럽게 읽는 연습을 시킨다.
4. 책 속 주인공은 누구인지, 중요한 일은 무엇인지, 언제 어디서 일어났는지, 어떻게 끝났는지, 자신의 느낌을 말할 수 있는 시간을 가진다.

『독서의 역사』의 저자인 알베르토 망구엘에 의하면, 서구에서는 10세기까지 묵독이 보편화되지 않았다고 한다. 알렉산더 대왕도 모친이 보낸 편지를 말없이 읽어 부하들을 당혹스럽게 했고, 시저도 연애편지를 소리 내서 읽지 않은 것이 특별한 일로 기록되어 있는 것을 보면 알 수 있다. 그렇다 사실 사람들이 책을 '조용히 혼자서' 읽게 된 것은 인간이 신에 의존하지 않고 홀로 세계와 마주하게 된 이후의 습관이다. 우리 나라의 경우도 예전부터 책은 소리 내어 읽어야 하는 일이었다. 특히 조선 시대에는 책 읽는 소리의 낭랑함을 통해 읽는 자의 기품과 성정을 가늠하기도 했다. 더구나 정민의 『책 읽는 소리』에는 조선 시대 정인지의 글 읽는 소리가 얼마나 낭랑했던지 책 읽는 소리에 반해 흠모의 정을 쌓은 처녀가 월담하여 정인지의 방에 들어갔는데, 정인지가 타일러 집에 보낸 뒤 뒷날에 정인지는 다른 곳으로 가버리게 되고, 남은 처녀는 상사병으로 죽었다는 웃지 못할 이야기들도 많다. 그만큼 책 읽기가 시대적으로 중요한 파급력을 가지고 있었던 것 같다.

신영복 선생의 『서삼독』에는 독서 삼독이라는 말이 있다. 책을 읽을 때는 세 가지를 읽어야 한다. 먼저 텍스트를 읽고 다음으로 저자를 읽어야 한다. 그리고 최종적으로 그것을 읽고 있는 독자 자신을 읽어서 깨달음을 통해 삶에 적용할 수 있게 된다. 한 권의 책을 진득하게 붙들고 세 번 정도 반복해서 읽어보면 어떨까? 읽다 보면 처음에 놓쳤던 부분들도 다시 깨닫게 되고, 그런 깨달음을 통해, 우리의 삶을 이롭게 하는 혜안을 갖게 되는 경지에 어느 정도 이르게 될 것임은 분명하다. 로버트슨 데이비스도 "훌륭한 건축물은 아침

햇살에 비춰보고 정오에도 보고 달빛에도 비춰보아야 하듯 진정으로 훌륭한 책은 유년기에 읽고 청년기에 다시 읽고 노년기에 또 다시 읽어야 한다."는 명언을 남겼다. 이는 책이 담고 있는 본의를 알기 위해 어린 시절부터 여러 번 반복해서 읽고, 또 읽는 습관을 들여서 꼼꼼하게 책을 읽어야 함을 의미한다.

따라서, 우리는 아이의 책 읽는 습관이 완성되기 전 어려서부터 가정에서 책을 여러 번 반복해서 읽게 하는 기본적인 습관을 들임으로써, 책 읽기를 체화할 수 있는 어린 시절에 깊이 있는 사고를 할 수 있는 토대를 만들어야 할 것이다.

SLOW READING

06

# 책과 실생활을 연결하라

『인생은 너무 짧다 너는 세상을 이렇게 살아라』의 저자 필립 체스터필드는 "책에서 얻은 지식을 실생활에서 살려야 비로소 지혜가 된다"고 한다. 학식이 풍부한 사람은 자신이 가지고 있는 지식에 자신이 있는 나머지 남의 의견에 귀를 제대로 기울이지 않는 경우가 많다. 그리고 간혹 일방적으로 판단을 강요하거나 단정 짓기도 하는 모습을 보인다. 하지만 우리가 살아가는 이 세상은 마치 한 권의 책과 같다. 책 속의 내용들이 지식의 전부가 아니듯, 이 세상이라는 책에서 얻을 수 있는 지식은 지금까지 살아온 인생 전부를 합친, 또 다른 어떤 지식보다 훨씬 많은 도움을 주는 지혜를 포함한다.

큰아이가 다섯 살 때까지, 남편은 대구에 있는 학교 근처에서 생활했고, 나와 큰아이는 사정상 시댁에 얹혀 살았다. 그때까지 별도로 우리 집이라는 개념 없이, 그냥 합가 형태로 결혼 때부터 계속 살았다. 그러다 큰아이가 다섯 살이 되던 해 처음으로 분가를 하게 되었다. 사실 그때까지 2년 넘게 직장생활을 계속했지만, 그동안 나도 학교 다니고, 남편은 아직 박사 과정 중이라 그리 넉넉한 형편이 못 되었다. 500만 원에 맞춰 집을 구하려고 하니, 부동산에서는 슬래브로 된 가건물을 보여주었다. 우리가 살고 있는 곳은 신도시라 새 아파트가 넘쳐나는 데도 불구하고, 나와 아이가 살 만한 곳이 가건물 뿐이라니, 그 집을 보자마자 부끄러운 것도 잊은 채 눈물이 줄줄 흘렀다. 나 혼자라면 어떻게든 살겠지만 다섯 살짜리 아이를 데리고 살 생각을 하니 미안하기도 하고 죄스러운 마음에 앞이 막막했다. 차 안에서 울다가 부동산 소장님께 아직 아이가 어리고 아이를 키워야 하니, 월세를 주더라도 좀 더 나은 방을 보여 달라고 이야기를 했다. 그 뒤 우여곡절 끝에 신축 원룸으로 이사를 했다. 이사할 때 짐이라고는 책과 옷가지들이 전부였다. 그리고는 처음으로 아이와 우리만의 생활이 시작되었다.

첫날부터 자취생처럼 생활에 필요한 물품들을 하나둘씩 장만하기 시작해서, 급한 대로 그럭저럭 원룸에 큰아이랑 둘이 생활할 수 있을 정도로 준비를 했다. 그런데 문제가 생겼다. 합가해서 살 때는 몰랐는데, 좁은 원룸에서 생활하다 보니 아이가 유치원이 끝나고 집으로 오는 길이면 집에 가기 싫다고 울며불며 한바탕 난리가 났다. 좁고 갑갑해서, 자기는 집에 들어가기 싫다고 울며 떼쓰기 일쑤였다. 사실 아이 마음을 이해하면서도 현실적으로 당장 들어줄 수 없음에 답답하긴 나도 마찬가지였다. 그러다, 책을 가지고 놀면 어떨까? 라는 생각을 하게 되었다. 마침 아이는 책을 좋아하니 꼭 집이 아니더라도 원룸 앞 놀이터나 공원에서 놀면 되겠구나 싶었다. 그때부터 아이와 둘이 책을 들고 가방에 넣어선 모래로 집도 만들고 책을 엎어 소꿉 상을 차리기도 하면서 책과 놀기 시작했다. 순전히 현실에서 해주지 못하는 엄마의 미안함을 책을 매개로 아이에게 새로운 상상을 통해 희망을 심어주려는 의도에서 한 것이었다.

처음에는 바뀐 환경에 힘들어하던 아이도, 점차 책 속으로 빠져들기 시작하면서 밥 먹고 자고 하는 모든 생활을 조금씩 받아들이기 시작했다. 부족하고 열악한 현실은 갖가지 스토리텔링으로 대체했고, 다양한 책 속 세계에서 상상의 나래를 펼치면서 하루하루를 그렇게 버텼다.

사실, 여태까지 살면서 내가 가지지 못한 것들에 대해 다른 누군가와 비교하는 것 자체를 싫어하는 나였지만, 그 당시에는 처해진 현실이 너무 갑갑하고 답답하기만 해서 혼자서 울기도 많이 울었다. 또한 현실적으로 마음을 조금씩 달래다가 또다시 좌절하는 내 자신이 당황스럽기만 했다. 늘 긍정적이라며 큰소리치던 내가, 실상 현실문제에 부딪히니 가면 속 부정적인 모습들이 고스란히 드러나니 이 얼마나 모순된 상황인가? 내면과 현실과의 불일치로 힘들어하는 내게 강사이자 세계적인 컨설턴트인 존 고든의 『에너지 버스』에서 그때 그 당시의 나와 비슷한 상황을 읽은 것이 기억이 났다. 『에너지 버스』는 어른들의 동화 같은 이야기를 다룬 저서이다. 붓다와 관련한 일화 중 한 제자가 붓다에게 물었다. "제 안에는 마치 두 마리 개가 살고 있는 것 같습니다. 한 마리는 매사에 긍정적이고 사랑스러우며 온순한 놈이고, 다른 한 마리는 아주 사납고 성질이 나쁘며 매사에 부정적인 놈입니다. 이 두 마리가 항상 제 안에서 싸우고 있습니다. 어떤 녀석이 이기게 될까요?" 붓다는 생각에 잠긴 듯 잠시 침묵을 지켰습니다. 그러고는 아주 짧은 한마디를 건넸습니다. "네가 먹이를 주는 놈이다." 결국, 우리가 고민하고 하는 모든 것들은 내 마음먹기에 달려 있다는 것이다. 내 자신이 긍정적이고 온화하며 사랑스러운 관점으로 세상을 바라본다면 그 긍정의 마음이 배가 되어서 긍정의 빛으로 발하게 될 것이고, 그렇지 않으면 부정의 어둠속으로 가라앉게 될 것이다.

이처럼 우리는 살다 보면 자신의 의지와는 무관하게 어떻게 할 수 없는 상황에 처해질 때 자신을 지탱하게 하는 힘, 독서가 필요한 순간들을 만나기도 하고 독서가 필요하다는 것을 인지하기도 한다. 하지만 직장생활, 가정생활 등 일상이 바쁜 현대인들은 독서를 위한 시간을 따로 확보하기가 쉽지 않다. 그래서 중요함을 알면서도 매번 우선순위에서 밀려나게 된다. 지금 초등학교 4학년인 작은딸은 3학년이 되고 나서부터, 욕조에서 반신욕을 할 때 수건 2

장과 책을 들고 들어간다. 처음에는 책을 들고 가는 줄을 몰랐다. 아이가 씻고 나오면 수건도 너무 많이 나오고, 책이 축축하니 젖어 있어서 하루는 아이에게 물어보았다. 그랬더니 자기는 목욕할 때 꼭 책을 들고 가서 욕조 안에서 읽는 게 너무 행복해서 그렇게 한다고 이야기를 했다. 그래서 그런지 아이가 씻고 나온 저녁이면 냉동실에 책이 꼭 들어가 있다. 이상해서 그럼 "책은 왜 냉동실에 넣어두는 거니?"라고 물어보았다. 그랬더니 욕조에서 책을 보다 보면 조심하는데도 책이 물에 젖는 경우가 많아서, 책을 말리다 보면 책이 울퉁불퉁해진다는 것이다. 그래서 방법이 없나 찾아보니 책을 물기를 닦은 다음 냉동실에 넣어두면 원래대로 복구가 된다는 것을 알게 되었다고 한다. 사실 책이 복구되는 원리는 종이가 물에 젖으면 섬유질이 늘어나서 책이 쭈글쭈글해지게 되는데, 젖은 책을 냉동실에 넣어두면 물이 얼음이 되면서 부피가 늘어나면서 책이 펴지게 되는 것이다. 이 원리를 작은아이는 2학년의 어린 나이에 책에서 찾아보고 알고서는, 실생활 속에서 자기가 좋아하는 목욕도 하며 취미인 책도 즐기면서 읽었던 것이다,

아무리 많은 책을 읽더라도 그 내용을 자신이 살아가는 생활 경험과 연결시키지 못한다면 과연 책을 읽는 의미가 있을까? 책과 생활을 연결시켜서 생각하지 못한다면 결국에는 책의 세계에 파묻혀버리는 단순한 삶을 살아가지 않는다고 장담할 수 있을까? 대부분의 사람들이 살아가면서 많은 책을 읽는다고 무조건 좋은 것만은 아니다. 가정에서 아이를 양육하는 과정에서

아이와 함께 책을 읽고 실생활과 연결할 수 있게 사고를 유연하게 전환시켜 주는 것이야말로 가장 손쉬운 방법이다. 왜냐하면, 아이에게 엄마는 세상을 알아가고 배워가는 첫 번째 존재이자 아이에게 가장 가까운 존재이기 때문이다. 특히, 책을 읽어주면서 엄마는 이미 알고 있는 내용과 읽고 있는 내용을 비교하고 대조함으로써 책 속에서 나오는 이야기와 현실세계에서 벌어지고 있는 일들을 아이가 제대로 연결시킬 수 있도록 도와줄 수 있다.

또한, 처음에 독서를 할 때는 하고 있는 일이 만족스럽지 못해서 시작했더라도 독서를 하다 보면 실제 하고 있는 일에 대해 더 많이 이해하게 되고 알게 됨으로써 하는 일을 좋아하고 열심히 하게 되는 결과를 만들기도 한다. 이처럼 책을 읽는다는 것은 처음 시작한 이유가 무엇이든, 무언가에 대한 호기심 반 배움 반으로 시작해서, 그 배움을 통해 실생활에 하나씩 적용함으로써 개인의 삶을 변화시킬 수 있는 잠재된 근본적인 저력을 갖게 한다. 우리는 책과 실생활이 조화롭게 결합되는 과정들을 경험함으로써 보다 깊이 있는 사고를 가능하게 하는 통찰을 갖게 될 것이다.

SLOW READING

07

# 메모하고 '밑줄' 치면서 읽게 하라

『꿈을 이루는 독서법』에서 일본 최고의 사법시험 학원장인 이토 마코토는 "책을 더럽히면 더럽힌 만큼 자기 것이 되고 꿈을 이룬다"고 말한다. 그는 책을 읽을 때 항상 '볼펜, 메모장, 포스트잇' 이 세 가지를 사용해서 책을 읽으며, 저자에게 독서는 읽는 것과 표시하는 것이 한 쌍이라 말한다. 책을 읽으면서 신경이 쓰이는 부분에는 끊임없이 밑줄을 치고 포스트잇을 붙이고 메모를 한다. 의문이 떠오르면 반드시 책에 메모를 하는데, 어떤 의미인지 모르는 부분을 표시해두었다가 나중에 저자를 조사하거나 관련 정보를 모으다 보면, 자신의 지식 세계가 점점 넓어지게 된다. 저자는 책은 특별한 무엇이 아니라 생각하기 위한 소재일 뿐이므로 마구 더럽히라고 권유한다. 그러니 책에 마음대로 메모하고, 줄을 긋고, 동그라미를 치고, 책 귀퉁이를 접으라고 주문한다. 그럴수록 책은 온전히 나의 것이 되어간다고 말한다. 이것은 사람들이 책을 귀하게만 대한다면 독서라는 행위 자체가 부담스러워지니, 책을 철저히 도구로써 편하게 이용하라는 뜻을 담고 있다.

어렸을 때 우리 집은 여름철만 되면 홍수로 한꺼번에 모든 걸 잃어버리곤 했다. 그것들은 수박, 옥수수, 참외 등 주로 농작물이 대부분이었다. 다른 집들은 고지대라 마당에만 조금 물이 들어오는데 반해 우리 집은 유독 지대가 낮아서 어김없이 물바다였다. 물바다가 될 때마다 제일 성가셨던 게 책이다. 다른 살림살이들도 마찬가지겠지만 특히나 책은 물을 먹게 되면 그 무게가 엄청나다. 또 물이 빠져 책을 말리고 복구를 해도 누렇게 변하는 데다 불룩해져 참 꼴불견인 모양새다. 물난리 난 와중에 "늘 엄마는 책부터 챙겨라." "공부하는 학생한테 책이 제일 중요하다."며 다그쳤다. 그때 난 어린 마음에 물 묻은 헌책 버리고 새 책으로 사면 될 텐데 싶어 불룩해진 책을 천대했다. 하지만 어른이 되고 나니 엄마의 그 말씀들이 은연중에 습관처럼 몸에 배여 책부터 챙기고 귀하게 여기는 지금의 내가 되었다.

그래서 그런지 여전히 나에게 책은 조심스럽게 소중하게 다뤄야 하는 것이란 생각에는 변함이 없다. 하지만 세상일은 살아봐야 알 수 있듯, 책을 나보다도 훨씬 더 소중하게 생각하는 사람을 만나 결혼을 했다. 나는 책을 읽다가 필요한 부분에 줄을 긋거나 메모할 때 비교적 다른 사람들보다는 곧고 반듯하게 하려고 하는 편인데도 남편에게는 발끝에도 못 미쳤다. 남편은 중요한 내용에 밑줄을 그을 때 자를 가지고 0.2mm 볼펜으로 반듯하니 정성스럽게 긋는다. 간혹, 메모를 할 때도 샤프를 이용해서 정말 꼼꼼하고 작게 기록을 한다. 그래서 남편의 책을 만질 때면 우선, 부담스럽고 굉장히 조심스럽다. 한번은 남편의 책을 읽다가 좋은 문구가 있어서 으레 하듯 '스윽' 밑줄을 그었다가 나중에 책을 함부로 다루었다며 싫은 소리를 들은 적도 있다. 그때 이후 남편의 책을 꼭 봐야 할 일이 생기면 되도록 원상태 그대로 아무런 흔적을 남기지 않고 보려고 애를 쓴다. 책을 보고 읽고 만지고 하는 일련의 모든 과정에도 사실상 개인의 취향이 반영된다. 이는 누구의 방식이 옳고 그르다고 말하기보다는 사람마다 자신이 느끼는 중요도에 따라 다르게 표현이 되는 것이므로 되도록 책은 자신의 책을 가지고 읽고, 그때그때의 느낌이나 궁금증을 바로 표현해나가는 방식으로 읽는 게 현명한 방법이지 않을까 한다.

『힘 빼기의 기술』에서 저자 김하나는 자신은 책에 메모를 하기 시작하면서 책을 바라보는 태도가 바뀌기 시작했다고 말한다. 책을 읽으며 '이게 말이 되냐!'라고 의문을 던지기도 하고 '○○은 읽어볼 것!' 이렇게 조언을 하기도 했다고 한다. 책을 절대적 존재가 아니라 대화의 상대로 보기 시작하면서 책 읽기와 세상의 지식을 대하는 태도도 달라진다는 것이다.

작년에 삼성병원에서 엄마 병간호를 할 때 일본의 운명학자이자 유명한 사상가인 미즈노 남보쿠의 『절제의 성공학』이라는 책을 20번 가까이 읽었다. 절제의 사전적 의미는 '정도를 넘지 않도록 알맞게 조절하거나 제어함'을 뜻한다. 그런데 막상 일상생활을 하다 보면 절제를 실천한다는 것이 쉽지 않다는 것을 쉽게 알 수 있다. 매 순간 편안함과 재미를 위해 절제의 선을 넘어버리는 경우가 허다하기 때문이다. 이 책은 절제를 주 테마로 60여 개의 질문과 답변 형식으로 이루어져 있다. 엄마가 위독한 상황에 생뚱맞게 절제라니, 절제가 무슨 의미가 있을까? 나에게 엄마는 친구이자 큰 산 같은 존재이다. 그런 엄마가 위독해서 입원 중임에도 이기적인 내 마음은 내 슬픔, 아픔, 상실감이 나의 모든 걸 집어삼키지 않게 조절해서 살아남기 위해 이 책을 고집스럽게 읽었다. 어릴 때부터 늦은 나이에 막내로 태어나서 늘 엄마가 돌아가실까 봐 불안했었다. 그런데 결혼을 하고 어느덧 그때 엄마 나이가 되어보니 나 혼자만이 아니라 내 자식들이 눈에 밟혔다. 그러다 보니, 혹여나 엄마를 잃을 수도 있다는 상실감에 모든 걸 내맡길 수도 있지 않을까 하는 불안한 마음이 들어 미리 날 위해 감정을 객관적으로 보기 위해 이 책을 펼치고 있었다. 평소에 나는 책을 읽을 때 마음에 드는 문장이나 문구가 있으면 형광펜이나 볼펜으로 밑줄을 긋거나 아니면 포스트잇으로 표시를 해뒀다가 나중에 그 부분만 다시 읽는 방식으로 독서를 한다. 그런데 이번에는 거기에다 한 가지를 더해 더 그림 그리기를 했다. 아픈 엄마 곁에서 하염없이 기다리며 나아지시기만을 기도드리는데도 시간은 더디게만 갔다.

하루 이틀 시간이 지날수록 더딘 시간의 법칙에 이끌려 책으로 눈길을 돌리려고 애를 썼다. 한 줄 한 줄 눈은 읽고 있지만 마음은 따로 놀고 있으니, 제대로 읽히지 않았다. 하지만 몇 번씩 되풀이해서 읽을 때마다 밑줄도 그어보고 볼펜으로 메모도 하면서 마음을 다잡으려고 노력했다. 그러다 볼펜을 가지고 책 귀퉁이에 누워있는 엄마의 모습을 간단히 스케치하기 시작했다. 섬망으로 다른 세상을 바라보고 있는 멍한 모습, 침대에서 세상 모르게 주무시는 모습, 통증으로 일그러진 얼굴, 갑갑한 병실에서 퇴원하고 싶어 안절부절 못하시는 모습 등을 내 손으로 담았다. 비록 전문적으로 배우지는 못했지만, 내가 지켜보는 그 순간을 기억하는 방식으로 그림도 그리고, 그림 옆에 메모도 하며 밑줄을 선으로 대체하면서 나만의 엄마에 대한 기억 문양을 만들어갔다. 메모하고 그리고, 밑줄 긋고 다시 지켜보는 것은 그 당시 슬프고 힘들기만 했던 내 마음을 잠시 내려놓게 하는 위안의 시간이었다. 평생을 일만 하신 엄마는 류마티스 관절염으로 딱딱하게 굳은 혹이 흡사 알밤 같은 모양으로 손가락 마디마디에 살처럼 박혀 있다. 손바닥을 펴려고 해도 쫙 펴지지 않을 정도인 엄마 손, 굵고 힘든 세월의 역경들이 다 녹아 있는 엄마의 손도 책 귀퉁이에 담았다.

나에게 엄마란 존재는 이제껏 내가 살아온 날들의 총합이다. 엄마와의 기억 하나하나가 모여 나라는 사람이 되었듯 그 기억 속에 함께한 엄마의 모든 숨결을 담고 싶었다. 늘 과하지 않고 자신에게는 엄하면서도 절제하셨던 모습, 자식들에게는 때로는 타이르듯이 가끔은 단호하게 인생에 대한 조언을 하시던 모습, 주변을 챙기시며 두루두루 돌아보시던 모습은 어쩜 저자인 미즈노 남보쿠의 모습과 많이 닮아 있었다. 그래서 어쩜 남아서 엄마를 기억해야 하는 나 자신을 위한 마지막 선물처럼 남보쿠의 책과 함께한 것인지도 모른다.

누군가는 책에 메모를 하는 것을 작가와 독자가 만나는 순간이자 독자와 텍스트 그리고 독자가 자기 자신과 대화를 하는 과정으로 생각하기도 한다. 또한, 책에 메모를 하는 것은 책을 훼손하는 것이 아니라 오히려 책을 의미 있게 만드는 과정이라 생각하기도 한다. 책은 열심히 읽어서 완독하고 정복해야 하는 대상이 아니며, 책은 독자와 이야기를 나누는 좋은 동료이자 마음의 친구이다. 그렇기 때문에 책은 다른 사람의 책이어서는 안 되며, 더욱이 도서관에서 빌린 책도 안 되며, 반드시 자신이 소장하고 있는 책에 메모하고, 밑줄도 그으면서 자신만의 의미를 담은 책으로 재탄생하는 과정을 통해 책을 읽는 또 다른 즐거움을 맛보기를 바란다.

ЭЛЬЧИН САФАРЛИ
ченно, потом, улыбнувшись, кивает и снимает
с Айдынлыг поводок. Та моментально уносится
за низко летящей чайкой, пытаясь допрыгнуть
до птицы, и ее большие уши развеваются, как
паруса на ветру. Я кручусь то вправо, то влево,
наблюдая эту погоню, разрываюсь между двумя
неосуществимыми мечтами — детьми и соба-
кой.
бросил.
— Я уже боюсь кого-то приближать к себе.
дом со мной все умирают.
— Хватит ересь нести! Сам же себя доводи
до таких мыслей. Ты ни в чем не виноват.
196
МНЕ ТЕБЯ ОБЕЩАЛИ
Мне хочется ей объяснить свое отношение к
невозможному, сказать, что не все так печаль-
но, как кажется со стороны. Я доволен этим
временем, протекающим через меня, ни с чем
не сравнимым. Оно особенное, незнакомое, в
нем хочется верить в себя, заботиться обо всех
сразу. И вспоминать самое сказочное из того,
что было. Как еще два лета назад звезды сыпа
лись в наши ладони, и твой запах, шершаво
твоих губ, прикосновения твоих пальцев к
им волосам — все это было как в первый
следний раз.

SLOW
READING

4장

# 엄마와 함께하는 슬로리딩 독서법

"아이들의 책 읽기는 엄마의 책 읽는 모습을 모델링 삼아 결국 집에서 완성된다.
독서는 놀이로서 꼬리에 꼬리를 무는 파생독서를 가능하게 하고
이해력과 배경지식의 차이를 낳게 한다."

SLOW READING

01

# 책 읽는 엄마가 책 읽는 아이를 만든다

『엄마의 독서』에서 저자 장은숙은 "엄마가 책을 읽어야 아이가 행복하다. 책이 주는 자유로움과 새로운 세상에 대한 탐색의 기쁨은 엄마를 자극하고 행복하게 만든다"고 이야기한다. 저자는 아이를 낳고 우울증에 걸려 자살까지 생각했던 그 순간들에 대한 경험을 토대로 한 권의 책을 시작으로 삶에 대한 용기를 얻어 지금의 작가로서의 꿈을 이룬 삶을 살아가고 있다. 나의 경우도 확실히 처음 경험해보는 육아의 고충이나 결혼생활에서의 답답하고 어려웠던 점들을 책을 읽음으로써 도움을 받으면서 한결 편안해졌다. 나는 일적인 부분에서 만나는 정제된 육아 방침과 엄마라는 감정적인 기대 수준이 더해진 현실 육아의 괴리감이 크게 느껴졌던 시기에 책을 읽게 되었다. 책을 읽음으로써 아이에게 짜증내는 일이 조금씩 줄어들었으며, 있는 그대로의 아이의 모습을 바라볼 수 있는 여유를 조금씩 되찾았다. 사실 엄마가 책을 읽는다고 모든 아이들이 책을 읽고 다 행복해지는 것은 아니지만 책을 통해 엄마가 다른 세상을 꿈꾸는 게 가능하다면 그 세상을 아이에게 이야기해줄 수는 있다. 역으로 다른 어떤 세상을 꿈꿀 수도 알 수도 없는 엄마가 책조차 읽지 않는다면 과연 자신이 알지 못하는 다른 세상을 아이에게 알려줄 수 있을지 의문이 든다.

결혼 전 나는 한 사람의 독립적인 존재로서 자유롭게 생활하다, 결혼과 동시에 직장인이자 엄마라는 이중의 타이틀을 가지게 되었다. 그로 인해 평범하게 누리던 일상의 모든 것들을 포기한 채 생활을 하는 데도 불구하고, 때때로 엄마인 내가 하는 모든 일들이 보잘것없고 하찮은 것들로 격하돼 보이기도 했다. 아이 키우는 일은 나만 하는 특별한 일이 아니라 여태 우리들의 엄마들이 해왔듯이 누구나 하는 일이라 여겼다. 집안일은 해도 해도 끝이 없고 티가 나지 않기 때문에 집 안에서의 노동은 평가절하되기 일쑤였다. 하지만 만약, 엄마인 내가 아이를 키우지 않고, 집안일을 하지 않는다면 집은 어떻게 될까? 그건 세 살 먹은 아이도 알듯 집이 엉망이 될 거란 건 불을 보듯 뻔한 일이다. 그렇기 때문에 굳이 기죽을 필요도 기죽을 이유도 없다. 나무들 중에서 소나무는 사람들의 주거공간과 가장 근접하게 가까이에서 많이 볼 수 있는 흔한 나무다. 자연스럽게 주변에서 많이 보이는 나무이기 때문에 대수롭지 않게 지나치면서 봤던 나무이다. 소나무는 고생을 많이 하면 솔방울이 많이 달린다. 왜냐면 자기가 아프거나 힘들어서 죽겠다 싶으면 자손들을 많이 뿌리려는 본능에 기인한 모습을 보인다. 자연의 숨은 이치를 소나무를 통해 엿볼 수 있듯 엄마가 본능적으로 책을 읽으면 아이도 책을 읽고, 엄마가 책을 읽지 않으면 아이도 절대 책을 읽지 않는다. 러시아의 언어학자인 비고츠키(L.S. Vygotsky)가 "아이들의 지적 삶은 주변 어른들이 결정한다."라고 했듯, 아이가 지적으로 얼마만큼 수준 높은 삶을 살아갈지는 전적으로 주변 어른인 부모 특히 엄마에게 좌우된다고 볼 수 있다.

아이를 임신하는 그 순간부터 이 세상 모든 엄마들의 최대 관심사는 '아이'다. 나 역시 임신하면서 특히, 아이를 낳고서 아이에 대한 관심이 커짐에 따라 아이 교육, 엄마의 마음 자세와 관련된 책들을 많이 읽었다. 차량으로 이동하거나 할 때는 직접 책을 보기 힘들어서 북 튜브나 오디오북을 통해서 책을 듣는 등 다양한 방법으로 책을 읽었다. 특히, 큰아이가 사춘기로 힘들어 하고 방황하며 한참 힘들게 할 때도 마음을 다잡기 위해 다른 누군가에게 도움을 요청하기보다는 제일 손쉬운 책에 도움을 구했었다. 그때 읽었던 법륜 스님의 『엄마수업』에는 다음과 같은 문장이 있다. "특히 여자는 자식을 낳고서도 혼자 몸일 때와 같은 연약한 여자의 심성으로 살면 자식을 잘 키울 수 없습니다. 이런저런 자극에 흔들리며 불안해하고, 자기 마음대로 안 된다고 성질내던 내 습관대로 아이를 키우면, 아이도 엄마처럼 불안정하고 분노가 많은 사람이 됩니다. 아이가 건강하고 심리적으로 안정되고 행복하려면 먼저 엄마부터 마음의 중심을 잡아야 합니다. 이리저리 흔들리는 불안한 여인의 마음이 아니라, '내 아이는 무슨 일이 있어도 내가 지킨다.'라는 굳건한 엄마의 마음을 가져야 해요. 그래야 아이가 그런 엄마의 마음을 지지대 삼아서 잘 자랍니다."라는 문장은 엄마로서 어떻게 할 수 없어 한없이 약해지기만 하던 나를 다독여주며 상처받은 나의 내면을 보듬어주었다.

큰아이는 어릴 때부터 책을 좋아하고 흥도 많고 끼도 많아 어디서건 창의적이며 잘한다는 소리를 듣게 하던 아이였다. 그런 아이가 초등학교 4학년이 되니, 무섭게 사춘기가 시작되었다. 그때까지 하지 않겠다고 거부하거나 거친 소리를 한 적이 거의 없는 녀석이 완전히 달라진 모습을 보였다. 잘하던 공부도 손에서 놓고, 피아노며 검도며, 모든 걸 거부하기 시작했다. 이전과는 달리 거칠고 낯설기만 한 아이의 모습은 당황스럽고 혼란스러웠다. 엄마로서 아이를 이해하고자 학교에서 하는 상담 봉사도 참여하며 큰아이 또래 아이들과 만나는 시간을 가짐으로써 아이의 관심사나 고민거리들에 대해서도 알려고 노력했다. 또한, 가족 여행이며 먹거리 탐방 등 아이의 주위를 환기시키기 위해 여러 방법들을 동원해도 아이는 자꾸만 멀어지기만 했다. 그 힘들었던 시기에 만약 내가 엄마가 아니었더라면 어쩜 입에 발린 듯 쉽게 내뱉을 수도 있었을 법륜 스님의 '내 아이는 내가 지킨다.'라는 그 말은 그때의 나에게는 동아줄처럼 간절하게 내 자신을 붙잡아준 말이었다. 아무리 힘들게 해도 이 세상에 저 아이를 지켜주고 아이의 편에서 기다려줘야 하는 마지막 보류는 엄마인 나라는 사실. 큰아이 표현대로라면 '자기 앞가림하기에도 막막하니 앞이 안 보이는데, 어른인 엄마까지 자기가 어떻게 신경 쓰냐구요?'란 말은 어쩜 그 시기 아이 자신의 힘든 상황을 그대로 표현한 말일 것이다. 한창 사춘기로 예민한 시기라 그러는 것임을 알면서도 그 말을 들을 당시에는 섭섭한 마음에 속상했다. 아이는 아이대로 엄마인 나는 아이의 분노로 인한 상처에 많이 아파했다.

'휴~' 하고 한숨을 내쉬고 상황을 좀 다르게 봐야겠다는 생각 외에 다른 생각이 들지 않았다. 집에 있는 책장에서 애꿎은 책들을 뒤적뒤적거리다 법륜스님의 책이 눈에 들어와 맥없이 읽었다. 책장을 몇 장 넘기며 가만히 읽고 있는데, 한 가지 생각이 뇌리를 스쳐 지나갔다. 어쩌면 저렇게 거친 야생마처럼 말하는 이면에 '엄마 나 좀 돌아봐주세요. 힘들어요. 나 좀 어떻게 해주세요.'라는 아우성 같은 아이의 울림이, 어쩌면 저도 어떻게 해야 할지 모르는 힘든 시기를 극복하기 위해 도움을 청하는 무언의 신호가 있는 것처럼 느껴졌다. 그때부터 아이 일에 있어 감정적인 불안함에 쫓기기보다는 시간이 늦더라도 긴 안목으로 접근하려고 마음을 다시금 다잡았다.

사람들은 아이가 어릴 때 책을 읽어주는 행위는 엄마로서 모성 본능에 기초한 당연한 일이라 여기지만, 아이가 컸을 때 책을 읽어주는 것은 자연스럽지 못하고 왠지 어색한 행위로 받아들인다. 하지만 이런 선입견과는 달리 사람들이 평소에 아이들에게 책을 읽어주게 되면 아이의 뇌에서는 거울신경세포가 활성화된다고 한다. 거울신경세포는 우리 뇌에서 거울처럼 다른 사람의 말과 행동을 모방해서 학습을 하게 한다. 아이들은 엄마가 책을 읽어주면 입모양을 그대로 흉내 내고 음성언어와 문자언어를 듣고 이해하는 식으로 꾸준히 학습하게 됨으로써 성장하게 된다. 『파우스트』의 저자인 괴테도 어릴 때부터 엄마가 책을 읽어주면서 키웠다. 엄마가 책을 읽어주다가 재미있는 부분에서는 "아가야, 그 다음은 네가 완성해 보려무나."라고 권함으로써, 어린 괴테가 이야기를 완성할 수 있게 자극을 주었다. 어릴 때부터 키워온 이런 상상하는 습관은 괴테가 독일 최고의 문호가 되는 밑바탕이 되었다.

아이에게 '엄마는 세상이고 우주며 신이다.'라는 법륜 스님의 말씀처럼 엄마가 아이에게 책을 읽어주는 행위는 아이와 심리적 교감을 나누는 것과 동일한 작용을 한다. 엄마는 책을 읽어줌으로써 아이에게 잘 들을 수 있는 귀를 만들어주게 된다. 또한, 잘 듣는 사람은 인간관계도 좋으며, 수업시간에 집중력과 이해력도 높아진다. 결국, 책을 읽는 행위는 만물의 이치와 마찬가지로 엄마가 먼저 독서하는 모습을 실천함으로써 성장하는 모습을 보이게 된다면 아이도 그런 엄마의 모습을 통해 거울에 비친 부모의 모습처럼 잘 자랄 수 있게 된다. 엄마가 읽어주던 책이 대문호 괴테를 낳았듯 하루에 5분, 10분이라도 엄마가 솔선수범하여 책과 가까이하는 모습을 보여주기 시작한다면 미래 우리 아이들도 제2, 제3의 괴테로 성장하는 자양분이 될 것이다.

SLOW READING

02

# 집에서도 쉽게 할 수 있는 슬로리딩

우리나라 부모들의 자녀 교육에 대한 열정은 대단하다. 아이를 위해 교육 여건이 좋은 곳으로 이사를 하거나 위장 전입도 불사한다. 하물며 미국의 오바마 대통령까지 취임 후 한국의 교육에 대해 본받을 점이 많다고 여러 차례 언급했다. 오바마 대통령의 한국 교육에 대한 언급에서도 잘 드러나듯 한국의 높은 교육열은 이미 세계적인 화제가 되었다. 있는 그대로 받아들이자면 긍정적인 부분도 있지만, 지금은 그에 따른 부작용이 있지는 않는지에 대해서도 살펴보아야 한다. 지나친 경쟁 위주의 교육 방식으로 자칫 지식에 권위를 부여하는 교육만을 강조하다 보면, 그보다 앞서 익혀야 하는 인성 교육을 등한시하게 된다. 인성이라고 하는 건강한 토양 위에 지식이라는 싹을 심어야 심지가 튼튼한 인격체가 완성이 된다. 그런데 지식을 습득하는 교육에만 연연하다 보면 인성 교육을 놓치게 됨으로서 메마른 사막과 같은 사회가 되고 말 것이다.

인성 교육의 근간은 가정이다. 인성은 자라는 동안 자연스럽게 스킨십을 주고받는 부모에 의해 시작되며, 어떤 공식이나 문법적 논리, 인위적인 암기로 성취되지 않는다. 식물이 햇살을 받아 광합성을 통해 꽃을 피우고 열매를 맺듯 서서히, 시간의 흐름에 따라 자연스럽게 체화됨으로써 그 사람 본연의 모습으로 자리 잡게 된다. 특히 가정에서 엄마는 자녀들의 성장 과정에서 가장 중요한 역할을 하는 사람이다. 어린 시절 성격 형성은 물론 삶의 큰 밑바탕인 인성이 세워지는 계기가 바로 엄마의 보호와 사랑, 교육에서 비롯된다고 해도 과언이 아니다. 집에서 엄마는 아이가 올곧은 인성을 키워갈 수 있도록 환경을 만들어줘야 한다. 일상생활을 영위하면서 사고력을 기르기 위한 최적의 교육 즉 슬로리딩을 전개할 수 있는 가장 좋은 곳은 집이다. 집에서 엄마는 아이와 함께하는 책 읽기를 실천하는 중요한 역할을 맡는다. 엄마는 아이와 매일 대화하며 이야기를 통해 책을 읽어주거나 함께 책 속에 있는 물건이나 여행지를 학습하기도 한다. 또한, 엄마 스스로 책을 읽는 모습을 보여주는 등 자연스럽게 이런 일련의 활동들을 통해 일상생활 속에서 책을 가까이 하는 모습이 습관이 된다면 그 모습 자체가 아이에게 산교육이 된다. 이런 모습들은 대가족 시대에 우리의 할머니들이 손자를 무릎 위에 앉혀놓고 옛날이야기를 들려주시던 교육 방식에서 엿볼 수 있다.

산업화 이전 대부분의 가정에서는 우리의 할머니, 할아버지가 손자들의 교육을 도맡았다. 함께 생활하면서 경험으로 얻은 지혜를 손자들에게 들려주는 모든 생활들이 교육의 일환이었다. 하지만 산업화가 급격히 진행됨으로써 핵가족화로 인해 이런 인성 교육의 기반이 되는 무릎교육이 약화되기 시작했다.

문화체육관광부는 2009년 '아름다운 이야기 할머니' 사업을 시작함으로서 약화된 무릎교육을 강화하기 위해 재미있으면서 교훈이 되는 옛이야기와 생활 주변의 미담을 발굴하여 이야기 교재를 만들었다. 그렇게 하여 탄생한 이야기들은 유아교육 현장에서 이야기 할머니들이 아이들에게 들려주기 시작했다. 우리 어린이집에서도 일주일에 한 번씩 이야기 할머니 수업이 진행되었다. 수업이 있는 날이면, 이야기 할머니는 한복을 곱게 차려 입으시고, 친근한 목소리로 아이들에게 옛이야기나 창작동화를 들려주신다. 이때는 정말 몇 분도 가만히 있지 못하는 개구쟁이 아이들조차 이야기에 집중해서 마냥 신기하게 쳐다보는 모습들을 종종 보게 된다. 스마트폰이나 노트북과 같은 미디어에서 들려오는 목소리에 익숙한 우리 아이들이 어른, 그것도 할머니가 재미있게 옛날이야기를 들려주시니 신기하면서도 얼마나 재밌겠는가? 가끔 이야기 할머니 수업이 있는 날이면, 원장인 나도 아이들과 함께 할머니의 이야기 속으로 들어가서 넋을 놓고 듣곤 한다. 이야기의 기승전결은 착하고 바른 심성이다. 올곧은 인성과 관련된 교훈적인 내용들이 주를 이루는 뻔~한 이야기들이다. 하지만 전래동화나 설화 같은 이야기들도 사실 제목은 다르지만, 읽다 보면 권선징악적인 내용들로 결말은 거의 비슷하다. 단지 시대적인 배경이나 이야기 전개 방식의 미묘한 차이로 인해 색다르게 느껴지듯 이야기 할머니도 같은 맥락이다. 점점 우리의 전통 교육이 사라지고 있는 상황에서 이야기 할머니는 잊혀 가는 옛것을 통해 인성을 바로 세울 수 있는 단초가 될 것이다.

2015년 미국의 한 연구에 따르면 부모의 무릎에 앉아서 이야기를 들으면 아이들의 뇌에서는 시각화가 이루어지고 있음이 밝혀졌다. 이는 국학진흥원에서 행하는 이야기 할머니 사업이나 식사 시간에 가정에서 이루어지는 밥상머리 교육과 맥을 거의 같이 한다. 아이들의 문해력은 문장을 듣거나 읽으면서 이를 머릿속으로 떠올리게 되는 능력 곧 상상력에 의해서 이뤄진다. 문해력을 기르기 위해 7살 이전에 글자를 배워 스스로 책을 읽게 하는 것은 문해력 증진에는 큰 효과가 없다. 대신 부모나 어른이 책을 읽어주는 것을 함께 들을 때 아이들의 상상력은 커지고, 문해력도 향상된다. 그러므로 엄마와 함께 집에서도 쉽게 할 수 있는 슬로리딩을 통해 잠자는 아이의 상상력에 날개를 달아주면 동시에 문해력도 좋아지는 효과를 얻게 될 것이다.

오스트리아의 작가인 에밀 부흐발트도 아이들의 문해력 개발과 관련하여 "아이들은 부모의 무릎 위에서 독자가 된다."라고 했다. 이는 아이들의 조기 문해력 개발에 가장 중요한 요소 중 하나가 부모가 독서하는 모습을 지켜보는 것임을 말해준다. 아이들은 자라면서 지속적으로 보호자의 독서 행동에 영향을 받는다. 특히 즐겁게 책을 읽는 어른들을 보며 자란 아이들의 경우 그렇지 못한 아이들에 비해 자발적인 독서광이 될 가능성이 훨씬 더 높아진다.

우리가 책을 읽는 목적은 사회라고 하는 무한경쟁 속에서 살아남는 소수가 되기 위해서가 아니라, 수많은 평범한 사람들과 조화롭게 더불어 살아가기 위해서이다. 짐 트레릴즈의 『하루 15분 책 읽어주기의 힘』에는 "책을 읽어주는 것은 신동이나 영재를 만들려는 것이 아니다. 아기에게 책을 읽어주는 진정한 목적은 아기 안에 이미 있는 잠재력에 양분을 주고, 부모와 아이 사이를 친밀하게 묶어주며, 아기가 자라나 책 읽을 준비가 되었을 때 아이와 책 사이에 자연스러운 다리를 놓아주는 것"이라고 한다. 또한, 오빌 프레스콧은 "이 세상에 저절로 책을 좋아하게 되는 아이는 거의 없다. 누군가는 아이를 매혹적인 이야기의 세계로 끌어들여야 한다. 누군가는 아이에게 그 길을 가르쳐주어야 한다"고 말한다. 짐 트레릴즈와 오빌 프레스콧은 아이들에게 책을 읽는 방법을 가르치기보다는 아이들이 스스로 책을 읽고 싶도록 해야 한다고 말한다. 또한, 아이가 어릴 때부터 집에서 책을 일상적으로 자주 접하다 보면 책을 사랑하게 되고, 학교를 졸업하고 성인이 되어서도 오래도록 책을 읽고 싶어 하는 사람으로 성장할 것이라고 한다.

삶을 살아가면서 책 읽기만큼 우리의 정신을 풍요롭게 해주는 것은 없다. "몸은 음식으로 자라지만 정신은 책으로 자란다."라는 쇼펜하우어의 말처럼 책 읽기나 진정한 깨달음 없이 인생에서 새로운 변화를 기대하는 것은 얕은 수에 불과하다. 삶에 있어서 무엇보다 중요한 것은 책을 가까이하고 책 읽기를 통해 자신의 행동을 더 나은 방향으로 실천하는 것에 있다. 사람의 됨됨이 '인성'은 어릴 때 갖추어진다. 그것은 부모의 생활 태도에 의해서도 영향을 받지만, 그보다는 어떤 책을 얼마나 자주 접하면서 자랐는가에 따라 크게 좌우된다. 어린아이의 경우 좋고 나쁜 책을 구분하는 능력이 부족하다. 그렇기 때문에 부모는 아이의 발달에 맞는 책을 선택하여 어릴 때부터 집에서 함께 책 읽는 습관을 들이는 게 무엇보다 중요하다. 책 읽기가 단지 어려운 숙제가 아니라, 생활 속에서 행하는 자연스러운 일상으로 자리매김한다면, 읽었던 책의 내용들 또한 바람직한 인성으로 녹아들게 될 것이다.

SLOW READING

03

# 슬로리딩, 결국 집 안에서 완성된다

나스카와 소스케의 『책을 지키려는 고양이』에는 "책을 읽는 것은 산을 오르는 것과 비슷하다. 책을 읽는다고 꼭 기분이 좋아지거나 가슴이 두근거리지는 않다. 때로는 한 줄 한 줄을 음미하면서 똑같은 문장을 몇 번이나 읽거나 머리를 껴안으면서 천천히 나아가기도 하지. 그렇게 힘든 과정을 거치면 어느 순간에 갑자기 시야가 탁 펼쳐지는 거란다. 기나긴 등산길을 다 올라가면 멋진 풍경이 펼쳐지는 것처럼 말이야."라는 멋진 명언이 나온다. 우리가 책을 읽는다는 건 삶을 살아감에 있어 어떤 특별한 목적을 위한 일시적인 미봉책이 되어서는 안 된다. 책을 읽는다는 것은 기분이 좋거나, 좋지 않을 때,

시간과 장소를 불문하고 공존하는 것만으로도 위로가 되는 원초적인 역할을 해야 한다. 우리가 삶을 살다 보면 순풍에 돛을 단 듯이 순탄한 일을 만나거나, 가시밭길처럼 험난한 과정에서 좌절하기도 하는 과정들을 통해 단단한 자아를 만날 수 있듯, 삶을 지탱하는 태도를 강건하게 할 필요가 있다. 책 읽기는 이 부분들을 구성하는 기본 요소로서 산을 오르는 등산처럼 근본인 가정이 시발점이 되어 결국 집 안에서 완성이 되어야 한다.

보통 학창 시절 생활기록부에 취미를 적어야 하는 일이 있을 때마다 특별한 취미가 없는 사람들은 별 생각 없이 적는 것이 '독서'였다. 그러나 세월이 지날수록 취미란에 '독서'라고 당당하게 적는 사람은 진짜 책을 좋아하는 사람으로 스스로를 제한한다. 책은 다른 취미들과는 달리 스킬이나 방법적인 룰은 단시간에 습득이 가능할지라도 일상에서 꾸준하게 실천하지 않는다면 금방 다른 일들로 대체되기 쉽다. 나는 책을 볼 때면 신간은 신간대로 책에서 나는 따끈따끈한 활자 냄새가 좋고, 오래되면 오래될수록 나름대로 텁텁하면서 누렇게 변색된 특유의 종이 재질을 좋아한다. 그런데, 크리스토퍼 놀런 감독의 영화 〈인터스텔라〉에는 5차원의 세계를 책장으로 시각화한 장면이 영화 후반부에 등장한다. 처음 영화를 봤을 때 여태까지 알고 있던 책의 재질이나 느낌과는 전혀 다른 차원으로 책을 시각화한 모습이 너무 생소했다. 커다란 수직 블록처럼 서로 연결되어 있는 형태들이 무엇을 연상시키기 위한 장치인지를 생각하면 할수록 어쩌면 미래에는 이런 형태들로 책이 구현될 수도 있겠다는 생각이 들었다.

영화 〈인터스텔라〉 속 지구의 미래는 미세먼지와 모래폭풍이 심하고 농작물은 대부분이 병들어 죽고 재배 가능한 식물이 거의 없다. 주인공인 쿠퍼는 과거에는 파일럿이자 엔지니어였지만, 지금은 옥수수 농장을 운영하는 농부로 등장한다. 황폐해진 미래사회에선 우주인보다는 식량을 생산하는 농부가 현실적으로 더 필요하다. 하지만 쿠퍼는 땅보다는 하늘을 올려다보는 사람이다. 모두가 먹고사는 현실에 집중하지만 쿠퍼는 우주를 꿈꾼다. 영화 초반에 등장하는 쿠퍼의 자녀들과 관련된 학교 상담을 통해서 그 시대의 교육의 방향이 드러났다. 당장 지구 문제를 해결하려면 과학자나 엔지니어보다는 농부가 필요하다. 하지만 농부가 많아진다고 해서 지구의 문제가 해결이 될 것인가? 그렇지 않다. 미래의 환경과 식량난이 시급할수록 실상은 당면한 문제 해결에만 급급할 것이 아니라 과학자나 창의적인 사람들이 더욱더 필요한 시대이다. 하지만 현실은 당장의 문제를 해결하기 바쁘다. 영화 속 미래사회 뿐만 아니라 지금 현재의 우리 사회도 비슷한 현실이다.

〈인터스텔라〉는 진짜 크리스토퍼 놀런 감독의 상상력에 의한 상상력으로 완성된 작품이다. 블랙홀과 밀러행성, 만 박사의 소행, 블랙홀 속 테서랙트 등 심지어 최근에는 블랙홀이 찍힌 사진이 공개되었는데 인터스텔라 속 블랙홀과 매우 유사하게 생겨서 더욱 그의 상상력에 놀랄 수밖에 없다. 블랙홀에

빨려 들어간 쿠퍼에게 5차원의 세계가 열린다. 5차원의 세계는 책장으로 시각화되어 있는데, 책은 시간과 공간을 초월해 소통할 수 있는 매개체로서 5차원의 세계를 책장으로 표현한 것 같다. 영화 속에서 주인공 쿠퍼와 그의 딸 머피는 책이란 가상의 매체를 통해 메시지를 전달함으로써 지구의 미래를 구하게 된다. 다시 보아도 감독의 상상력은 대단하기만 하다. 상상력의 씨앗은 책을 통해서 자라게 된다. 그래서 어릴 때 읽은 『피터팬』처럼 네버랜드라는 상상의 세계를 만나기도 하고 『이상한 나라의 앨리스』에서 토끼를 통해 비밀의 문을 열게 되는 경험을 하기도 한다.

뇌가 완성되는 시기인 어린 시절 가정에서 부모와 함께 시작하는 독서는 중요하다. 6세 때부터 독서에 빠져드는 뇌가 거의 완성이 되기 때문에 어릴 적에 독서를 시작하는 것은 효과적이다. 어릴 때 읽기 시작한 독서 습관은 12세까지가 골든타임이다. 영유아기부터 초등학교 3, 4학년 때까지의 독서 습관이 우리의 평생 독서를 좌우한다. 그러므로 집 안에서 편안하고 안정된 상태에서 책에 빠져들고 수시로 독서하며 필요한 책은 바로바로 찾아볼 수 있는 환경을 조성해주는 것은 무엇보다 중요하다. 첫째, 잠자기 전이나 다른 조용한 시간에 아이에게 규칙적으로 매일 책을 읽어주는 습관을 갖도록 한다. 책 읽기를 통해 아이들이 여러 가지 정보를 얻을 수 있으며 읽는다는 것이 흥미롭다는 것을 깨닫게 된다.

둘째, 주변에서 손쉽게 접할 수 있는 읽기를 활용한다. 광고지, 간판, 과자 상자 등 아이들이 자연스럽게 읽기를 시작할 수 있도록 집 안 곳곳에 노출시킨다.

셋째, 가정에서 부모들이 일상생활 속에서 자연스럽게 읽는 모습을 아이들에게 보여준다. 부모들이 생활 속에서 책, 신문, 우편물 등을 읽는 모습을 보여주면 아이들은 생각을 말이나 글로 나타낼 수 있음을 알게 되고, 글을 읽는 것이 자연스러운 생활의 일부라는 것을 알게 된다.

아이들이 처음 책을 접하게 되는 것은 부모가 처음 책을 읽어주면서 함께 읽기 시작하면서일 것이다. 그런데 나의 경우 책을 처음으로 읽기 시작한 것은 초등학교 1학년 2학기 때였다. 7살 때 초등학교에 들어갔으니, 지금 생각해보면 아무 준비도 안 된 상태에서 그냥 친구 따라 강남 간다고 친구 따라 학교에 떼를 써서 들어갔다. 그 당시 부모님은 농사일로 바쁘셔서 한글을 뗐는지 공부는 잘하고 있는지 크게 신경 쓸 겨를도 없었다. 단지 집에서 언니들이 소설책을 읽는 모습을 보면서 어떤 내용인지 궁금했고, 나도 책을 읽고 싶다는 생각에 한 글자씩 배우기 시작하면서 더듬거리며 읽게 되었다. 지금 생각해보면, 초등학교 1학년이 글자를 모른다는 것은 상상할 수 없는 일이겠지만, 그 당시에는 초등학교 3학년인데도 책을 잘 못 읽는 친구들이 반에서 몇 명이나 있었다. 그래서 책을 좀 늦게 읽는다고 해서 크게 부끄럽다는 생각은

들지 않았다. 하지만 내가 자란 곳이 시골이다 보니, 교과서 외에 책을 구하기가 힘들었기 때문에 읽고 싶어도 다양한 책을 읽기가 힘들었던 점은 지금 생각해도 너무 아쉽고 속상하다. 결국, 사람이 태어나 먹고 자고 하는 모든 일상의 모습들이 반복되는 것처럼 책을 읽는 행위들도 매순간 읽는 행위들의 반복된 습관의 연속으로 이루어진다.

세상에는 수많은 책이 있으며, 이 책들은 사람들의 머릿속을 채워가고 있다. 사람들은 책을 통해 과거를 배우고, 책을 통해 미래를 예측하기도 한다. 작년부터 시작된 코로나의 여파로 인해 도서관에서 책을 읽는다는 것은 현실적으로 어렵다. 그래서 아이에게 좀 더 재미있는 방식으로 책을 읽어주기 위해 유튜브를 검색하다 우연히 PBS KIDS에서 하는 재미있는 프로젝트를 발견했다. Mondays with Michelle Obama라는 프로젝트이다. 이 프로젝트는 코로나로 인해 집에만 있는 어린이들을 위해 전 미국 대통령 오바마의 부인인 미셸 오바마가 매주 월요일 생중계로 동화책을 읽어주는 프로젝트이다. 언제나 나에게도 숙제인 영어 공부도 할 겸 작은아이와 함께 보려고 유튜브를 열었는데, 기대보다 재미있었다. 작은아이는 처음에는 재미없을 거 같다는 표정에 싫다는 내색도 못 하고 있더니, 미셸 오바마에 대한 설명을 해주자 호기심 반으로 보기 시작했다. 미셸 오바마가 선정한 동화책은 아이들 눈높이에 맞춰 내용 자체도 흥미롭고, 좀 과장되게 읽는 모습도 영어에 대해 거부감부터 드러내는 아이에게 재미를 전해주는 하나의 선물처럼 다가왔다.

책을 읽는다는 것은 결국 책과 관련된 다양한 콘텐츠들 사이에서 부모와 아이가 함께 찾아서 공유하는 의미 있는 행동이다. 결국, 이런 책 읽기는 집 안에서 부모와 자녀간의 노력과 사랑으로 완성됨으로써 하나의 굳건한 습관으로 자리 잡을 수 있게 함께 노력해야 할 것이다.

SLOW READING

04

# 슬로리딩은 교육이 아니다, 놀이다

엄마표 슬로리딩의 가장 중요한 원칙은 '세상의 모든 놀이는 책으로 통한다.'이다. 아이들에게 책은 놀이를 위한 장난감이지 교육을 위한 도구가 아니다. 엄마와 아이가 함께하는 책읽기는 세상에서 가장 재미있는 놀이이자 집이라는 가장 안락한 곳에서 이루어지는 편안한 놀이다.

대학에서 연구교수를 하는 S는 어렸을 때부터 책이 많은 가정에서 자랐다. 그래서인지 어릴 때 맞벌이하는 부모님을 대신하여 책을 쌓아서 터널을 만들거나 집을 만드는 놀이를 하는 등 공간감각을 키우는 놀이를 했던 기억이 좋았다고 이야기를 하곤 한다. 그래서 그런지 S는 성인이 되어서 자연스럽게 공간 디자인 쪽으로 전공을 하게 되었다. 이와는 대조적으로 나의 경우 책은 학교에 있는 학급문고에서 대출해서 읽었기 때문에 책은 함부로 다루어서는 안 되며 귀하고 소중하게 다루어야 한다는 생각을 하며 자랐다. 그래서인지 성인이 되어 S와 대화를 나눌 때 비슷한 연령임에도 불구하고 우리 두 사람의 책에 대한 경험치는 서로 많이 차이가 난다. 나에게 책은 지식이나 지혜를 습득해서 내 것으로 체화시키기 위한 교육적인 목적이 강하다면, S에게 책은 지식을 넘어 자연스러운 생활의 일부이자 놀이 그 자체였다. 누가 옳고 누가 그르다고는 말할 수 없다. 하지만 나에게 책 읽기는 우선 읽기 전에 주변 환경을 정리하고 자세를 바로 잡는 등 의식적인 준비 과정을 요하는 일이라면, S에게 책 읽기는 맛있는 음식을 먹는 것처럼 그저 신나고 행복하며, 새로운 책과의 만남이 마냥 기다려지는 일이라고 한다.

어린 시절의 책 읽기는 평생을 살아가는 씨앗이 되고 거름이 된다. 어릴 때 다양한 책들을 읽는 것은 가치관 정립과 자신의 정체성을 찾는 데 도움이 된다. 또한, 자신이 경험하지 못했던 세계를 직접 경험하는 것 이상으로 내면의 정신세계를 성장시킨다. 이렇게 많은 장점들을 가진 책을 아이들이 편하게 만나려면 무엇보다도 놀이처럼 즐거운 책 읽기가 선행되어야 한다. 친구를 만나듯, 맛있는 음식을 먹기 위해 탐방하듯, 신나게 놀이하듯 즐거운 경험들이 쌓여야 한다.

어린이 놀이 운동가이자 놀이터 디자이너인 편해문은『아이들은 놀이가 밥이다』에서 아이들의 행복과 놀이와의 관계를 다루고 있다. 그는 청소년의 자살, 학교폭력, 왕따가 심해지는 원인을 아이들의 '놀이의 실종'에서 원인을 찾았다. 그의 말에 따르면 "왕따는 놀지 못해서 더는 견딜 수 없는 아이들이 살기 위해 만들어낸 처절한 놀이"라고 했다. 또한 놀지 못한 아이들은 소비, 폭력, 인터넷 게임과 같은 것들을 어른들이 하는 방식 그대로 하면서 놀게 되고, "게임은 처음부터 중독을 전제로 설계돼 있기 때문에 별별 수단을 다 동원하더라도 소용없으며, 중독을 막기 위한 유일한 대안은 아이들에게 '놀이밥'을 먹이는 것"이라고 말한다. 서울대 박해준 교수도 "성장기에 적절한 놀이가 이루어지지 않을 경우, 사회성, 타인에 대한 배려, 새로운 것을 받아들이는 능력이 부족할 수 있다"고 지적한다.

하루를 잘 논 아이는 짜증을 모르고, 10년을 잘 논 아이는 마음이 건강하다는 말처럼 아이들은 놀기 위해 세상에 온다. 놀이를 통해 아이들의 정서가 단단해지면 그 위에 배움이라는 틀이 생길 것이다. 아이들에게 놀이를 통해 교육을 한다는 어중간함이 아니라 놀이로 만들어진 단단한 기틀 위에 혼자서도 잘할 수 있다는 자신감을 가지게 해주는 게 중요하다.

아이는 놀이를 통해 성장한다? 이 말은 반은 맞고 반은 틀렸다. 놀이는 아이의 신체 발달은 물론 두뇌, 인성 발달을 돕는 자연적인 '도구'이지만, 발달

단계별 필요한 놀이를 만들어내는 것 또한 바로 아이들 자신이기 때문이다. 놀이(play)의 어원은 '갈증'이라는 뜻의 라틴어 '플라가(plaga)'에서 유래했다. 목이 마른 사람이 물을 찾듯 원초적인 행동이라는 것. 아이의 본능인 놀이 중에서도 창의성을 확장하는 놀이는 따로 있다.

서울대 어린이병원 소아정신과 신민섭 교수는 "결과에 신경을 쓰기 시작하면 더 이상 '놀이가 아닌 일'이 된다."라며 "즐거움이 사라진 놀이는 아이에게 스트레스가 되어 전두엽 발달을 방해하는 요소가 된다"고 한다. 4세~7세 유아기는 뇌의 전두엽이 활발하게 발달하는 시기이다. 전두엽은 감각이나 운동기관이 정상적으로 기능을 하도록 통제하는 역할과 함께 고도의 정신 활동을 담당한다. 때문에, 전두엽에 이상이 생기면 충동적이고 감정 자제에 어려움을 겪게 된다. 그러므로 교육에 초점을 둔 놀이보다는 아이들이 자발적으로 재미있게 즐길 수 있는 놀이를 중심으로 환경을 조성할 필요가 있다.

하시모토 다케시는 『슬로리딩』에서 "싫어하는 일을 계속해야 하는 건 참으로 고역일 것이다. 하지만 '배운다'는 의무를 '논다'는 가치로 전환할 수만 있다면 아이들은 자진해서 배우는 일에 참여하게 될 것이며, 그렇게 하는 방법은 어른들이 가르쳐주어야 한다"고 말한다. 또한 그는 배움을 싫어하는 아이들에게 '노는' 기분으로 배우는 방법을 가르치는 것, 이것이 부모와 교사가 해야 할 일이라고 강조한다. 미국의 천문학자인 칼 세이건도 "어른이 자녀와 사회에 기여할 수 있는 가장 큰 선물 중 하나는 바로 아이들에게 책을 읽어주는 것"이며, 따라서 배운다는 것은 때로는 아무런 의미가 없어 보여도 재미만 있으면 된다는 생각을 가지면 된다고 말한다.

과연 책이 아이들의 놀잇감을 대신할 수 있을까? 우리가 물건이나 기계를 새로 구입할 때면 제품에 대한 매뉴얼, 즉 사용설명서가 첨부되어 있다. 사용설명서에 보면 제품을 어떻게 사용하는지 용도별로 다양한 사용법들이 상세히 설명이 되어 있는 것을 볼 수 있다. 책의 경우도 마찬가지다. 집에서 엄마는 책을 가지고 아이와 함께 수많은 응용놀이를 할 수 있다. 단순히 책을 악기처럼 두드리고 소리를 내거나, 쌓고 던지며 도미노 게임하듯이 책을 사용하는 것만을 지칭하는 것은 아니다. 책의 내용을 천천히 곱씹어서 읽어보면, 책을 가지고 어떤 놀이를 할 수 있을지 그 해답이 보인다.

유아나 초등학교 저학년을 대상으로 강경수의 그림책인 『거짓말 같은 이야기』를 슬로리딩 해보면 책이 어떻게 놀이가 되는지를 쉽게 알게 된다. 이 책은 저자가 우연히 다큐멘터리를 보고 떠올린 작품이라고 한다. 세계 각국의 어린이들이 인사와 함께 시작해서 뒷장을 넘기면 거짓말 같지만 현실에서 일어나고 있는 유아 인권유린과 관련된 내용들을 담고 있다. 어린이지만 어린이다움을 누리지 못하는 아이들의 모습을 한 장에 한 명씩 소개하고 있다. 주인공이 꿈에 대해서 이야기를 하고 있으면, 아이들의 꿈이 뭔지에 대해서도 서로 주고받을 수 있고, 세계 각국의 의상에 대해서도, 인사말과 언어에 대해서도 이야기를 나누면서 역할놀이도 할 수 있다. 책에 나오는 그림, 글자 하나하나가 놀이를 하는 주제가 되고 소재가 되며, 어떻게 놀아야 할 것인지를 결정하기도 한다.

책 읽기는 책 속의 지식을 흡수하여 전문적인 지식을 축적하는 게 목적이 아니라 다양한 종류의 놀이로서 경험치를 늘려가는 읽기 과정을 통해 아이들의 상상력과 창의력에 날개를 달아주는 데 목적이 있다.

『공부머리 독서법』의 저자 최승필 작가는 "독서는 아이들 공부머리를 끌어올리는 최상의 공부이다. 하지만 독서를 지식의 축적 관점으로 바라보는 순간 독서지도는 실패하고 만다. 아이의 머릿속에 지식을 집어넣겠다는 욕심을 내려놓아라. 독서지도의 출발점은 독서를 즐거운 놀이로 생각하는 것이다. 이는 글을 읽고 이해하는 경험을 거듭하는 것이 무엇보다 중요하기 때문이다."라고 말한다. 그의 말처럼 독서는 교육의 일환이 아니라 놀이로서 접근해야 한다. 특히 슬로리딩을 통해 책 속의 내용들을 다양한 해석을 통해 여러 가지 놀이 방법으로 접근할 수 있어야만 진정한 놀이로서 엄마와 아이가 함께하는 행복한 책 읽기가 가능해질 것이다.

슬로리딩을 통해 책을 읽고 싶지만, 어떻게 슬로리딩을 해야 할지 막막하다면 주저하지 말고 연락하기를 바란다. 아이와 함께하는 일상에 슬로리딩이 더해져 독서가 재미있는 놀이문화가 되도록 도움을 줄 것이다.

SLOW READING

05

# 슬로리딩으로 꼬리에 꼬리를 무는 독서를 하게 된다

우리는 책과 책으로 연결된 삶을 살고 있다. 책을 읽는 목적은 사람마다 다르다. 누군가는 공부를 위해서, 시험에 합격하기 위해서, 자기계발을 위해서, 또 다른 누군가는 지적인 능력을 키우기 위해서 책을 읽는다. 나의 경우 책은 어릴 적에는 마냥 재미있고, 현실에서 경험하지 못한 일들을 발견하는 희열이 좋아 읽었다. 중고등학교 시절에는 시험을 위해 보기 싫어도 억지로 책을 읽었고, 성인이 되었을 때는 자존감이 바닥으로 가라앉을 때면 다른 누군가에게 도움을 청하기보다 미친 듯이 책에 파고들었다. 무언가에 절실해지니 세상의 모든 것들이 나의 이야기처럼 책 속에 나오는 문구나 내용에 공감이 되고 내 이야기처럼 느껴졌다.

사람들은 책을 통한 배움의 길을 통해, 현실을 살아가는 데 필요한 자신만의 특별한 지식을 체득해야 한다. 보통은 체계적으로 잘 정리된 자료들을 책이라고 부르지만, 주변을 둘러보면 우리를 둘러싼 모든 것들이 책으로 되어 있다. 책이란 꼭 눈으로 보고, 손으로 만져야 하는 유형적인 형태가 아니며, 한 사람 한 사람도 역사, 경제, 에세이, 음악 등을 담고 살아가는 세상에 하나밖에 없는 살아 있는 책이다. 이런 수많은 다양한 형태와 양식을 가진 책들을 읽으며 자신의 삶을 채워나가야 한다.

고등학생 때 나는 '공부해'라는 그 말에 반감이 들어, 세계명작이나 에세이 중심으로 책을 선택해서 읽었다. 그런데 막상 대학에 들어가고 나니, 어떤 책을 읽어야 할지 기준이 없어 어떤 때는 누군가가 선택을 해줬으면 좋겠다고 생각한 적도 있었다. '고민하지도 않고, 그냥 읽기만 하면 얼마나 좋을까?'라고 생각하며 웃지 못할 순간들을 겪으며 끙끙거리기도 했다. 나는 책을 처음에 읽기 전 먼저 앞표지에 나와 있는 제목과 부제가 적절한지부터 살펴본다. 그런 다음 책의 첫 페이지를 넘겨 저자의 약력을 읽어보면서 전체적인 구성을 확인한 뒤 책을 읽는다. 그렇게 책을 읽다 보면 책 속에 저자가 읽고 감동했던 책에 대한 언급이 이중꺾쇠(『 』)를 통해 나오는 걸 발견하게 된다. 저자의 책을 읽으면서도 저자가 그 책 어떤 부분에서 어떻게 감동을 받아서 이렇게 자신의 책에서 언급을 하는 건지 궁금해진다. 내가 읽고 있는 책의 저자가 또 다른 책을 소개해주는 것이다.

책은 시간이 지나면 사라지는 휘발성이 아니라 저자의 모든 사고와 정신이 담겨 있는 인격과도 같은 것이기 때문에 누군가로부터 '책을 소개받는다'는 것은 굉장히 설레는 순간을 경험하는 일이다. 하지만 막상 소개받은 책이 형편없을 때는 그만큼 실망감 또한 크게 다가온다. 그래서 책을 고르는 나만의 또 다른 방법은 마음에 들었던 책의 저자가 쓴 책들을 모두 찾아서 그 저자의 생각을 따라 읽으면서 궁극적인 나만의 생각의 기준을 만드는 것이다. 어떤 책을 읽어야 하는가에 대한 고민은 이런 방식으로 책을 찾아서 읽다 보니 자연스럽게 책 속에서 해결점을 찾았다.

90년대 중반 세계화 열풍과 맞물려 영어 교육에 있어서도 딱딱한 참고서보다 개인의 영어 공부 체험이 담긴 에세이형 영어 학습 안내서가 유행하기 시작했다. 내가 대학을 다니던 93년도에 한호림 작가의 『꼬리에 꼬리를 무는 영어』가 출간되었다. 아마도 이 책이 시발이 되었던 것 같다. 저자 한호림은 캐나다에 이민 간 그래픽을 전공한 디자이너로 다소 괴짜 같지만 꼼꼼하게 각종 자료나 사진들을 엮어서 재미있는 만화를 통해 영어와 친해질 수 있게 내용을 구성했다. 이 책을 통해 영어에 대한 울렁증이 있었던 나는 다양한 예시와 함께 생활 속 영어를 접하는 데 도움을 받았다.

그러다 대학원 첫 학기 수업 때, 수업하는 모든 내용이 원서로 하는 걸 알게 되었다. 그것도 우리나라에 번역서가 있는 원서를 가지고 하는 게 아니라, 현지에서 출간된 지 얼마 안 된 따끈따끈한 책을 번역해가면서 공부하는 방식이었다. 세 과목을 수강 신청했는데, 그 다음 주에 번역할 분량이 어마어마했다. 그때 남편과 나는 주말부부였고 어머님 모시고 살던 때라, 공부만 하고 있을 시간적 여유도 부족했다. 제대로 못하는 음식 솜씨에 식사 때마다 어떻게 음식을 만들어야 될지 몰라 쩔쩔맸고 공부는 공부대로 쌓여만 가니 스트레스에 치여 죽을 지경이었다. 결국, 수업 당일 날 구토가 올라와 화장실에 가서 올리기도 하고, 운전을 하다가도 욱~ 욱 올라오는 통에 창문을 내리고 토하는 등 나의 몰골은 엉망진창이었다.

그러다 도저히 안 되겠다 싶어 첫 학기를 가족들 몰래 휴학을 했고, 학교 가는 대신 도서관에서 울면서 번역 공부를 시작했다. 6개월 동안 그렇게 하루하루를 보낸 뒤, 그 다음 학기에 복학을 했고 대학원 박사 과정까지 무난히 마치게 되었다. 박사 과정에서는 교수님이 번역서를 출간해도 되겠다는 말씀을 해주실 정도로 집중했던 시간들이었다.

책을 읽을 때 시간에 쫓겨 급하게 읽을 것이 아니라, 단어 하나하나에 집중해서 읽다 보면 자연스럽게 책 속으로 빠져들게 된다. 천천히 책을 읽는다고 하면 읽어야 할 책도 많은데, 너무 비효율적인 방식을 고수하는 게 아닌가?

라는 의구심이 들 때도 있다.

하지만, 슬로리딩으로 책을 읽다 보면, 사실 한 권의 책을 읽는데도 몇 권의 책을 동시에 읽는 효과를 얻게 된다. 왜냐면 실제로 빠르게 책을 읽을 경우 놓치게 되는 문구, 상황, 등장인물의 심리 상태 등을, 천천히 슬로리딩으로 꼼꼼하게 읽게 될 경우 이런 전반적인 상황들을 이해하는 과정을 거치게 됨으로써 자연스럽게 책 속의 다양한 문구들에 대한 관심과 그와 관련된 배경지식에 대한 궁금증을 증폭시키게 된다. 이런 궁금증들을 해소하기 위해 다시 책을 찾게 되고, 다시 책을 읽게 된다. 이런 궁금증은 하나의 독서 세계로 이끌게 된다. 이는 꼬리에 꼬리를 물고 연계된 독서의 세계로 나아가게 한다.

슬로리딩을 하면, 어느새 속도에 비례하여 넓고 깊이 있는 독서의 세계로 접어드는 파생독서를 하게 된다. 아이들의 경우는 주 양육자인 엄마의 지도하에 제대로 된 파생독서를 진행할 수 있도록 지도해야 한다. 독서 습관이 제대로 자리 잡히지 않은 아이들의 경우, 그대로 가만히 두면 파생독서가 아니라 오히려 책에 대한 흥미마저 떨어지게 하기도 한다.

그렇기 때문에 엄마는 아이와 함께 궁금증을 해소해 나가는 꼬리에 꼬리를 무는 독서를 실천함으로써 아이들을 독서의 세계로 이끌어야 한다. 꼬리에 꼬리를 무는 독서를 실천하게 되면 아이들은 꼬리에 꼬리를 물었던 궁금증이 책을 읽는 순간으로 연결이 될 것이다. 스티브 잡스의 '점과 점을 이어 선을 긋다'는 말처럼 꼬리에 꼬리를 물고 독서를 하게 될 것이다.

SLOW READING

06

# 슬로리딩은 자투리 시간을 꽉 채우게 한다

"인간은 항상 시간이 모자란다고 불평을 하면서도 마치 시간이 무한정 있는 것처럼 행동한다."라고 세네카는 말한다. 어떤 이들은 밥 먹고, 영화보고 서핑하며 여행하는 등 여가를 즐김에도 불구하고 자신의 미래와 성장을 위한 책 읽을 시간은 늘 없다며 불평하기도 한다.

1910년 3월 26일 오전 10시 15분. 안중근 의사는 중국 뤼순감옥 사형장에서 짧은 생을 마감했다. 그는 사형집행이 거행되던 바로 5분 전, 사형 집행인이 안중근 의사에게 말하길,

"마지막 소원이 무엇입니까?"

그러자, 안중근 의사의 입에서는 매우 뜻밖의 대답이 나왔다.

"5분만 시간을 주십시오. 책을 다 읽지 못했습니다."

실제로 안중근 의사가 이렇게 말을 하고 난 뒤 5분간 책을 마저 읽고 난 뒤 사형이 집행되었다.

시간은 항상 상대적이다. 사람들은 살아가면서 인생의 터닝 포인트를 위해서 가장 시급한 것은 책 읽는 시간을 확보하는 것에서부터 시작이 된다. 짧은 시간이라고 너무 함부로 낭비했다가는 시간을 허비하는 것 못지않게 인생 전체를 좀 먹게도 한다. 그러므로 우리는 매 시간 사이의 자투리 시간들을 모아서 삶을 바꾸는 에너지원으로 삼을 필요가 있다.

최근에 나는 새벽 5시에 알람을 맞춰놓고 저녁 12시 전후로 잠자리에 든다. 일어나야 할 새벽 시간이 되면 그때까지도 일어날지 아님 더 잘지 고민하는 내적 갈등을 겪는다. 이 고민은 학교 다닐 때부터 지금까지 쭉 해왔던 고민들이지만, 특별히 이벤트성 있는 고민이 아니라 하루하루 반복되는 고민인지라 무료하기도 했다. 그래서 좀 더 긍정적인 모닝 루틴을 만들기 위해 20분짜리 아침 독서 시간을 만들어서 실천하고 있다. 반복되는 무료함에 주제가 달라지고 삶의 에너지를 긍정적으로 끌어 올려주는 책 읽기를 시작하니 삶에 활력이 돌기 시작했다.

"나의 훌륭한 독서는 거의 화장실에서 이루어졌다."라고 헨리 밀러는 말한다. 화장실은 집중이 잘되는 곳이며 사람들이 매일 규칙적으로 가는 곳이기 때문에 그 시간에 책을 읽기는 너무 좋은 시간이다. 또한, 직장생활을 하다 보면 보통 승강기를 하루에 적어도 두 번 이상은 타게 마련이다. 승강기를 타서는 앞쪽 숫자를 뚫어지게 쳐다보는 것이 다반사인데, 승강기를 이용하는 시간 3분을 활용해서 책을 읽거나 나처럼 직장 출근 전에 일어나 책을 읽는 방법도 추천한다.

조선시대를 대표하는 독서광인 세종대왕의 모습은 『세종실록』에 나와 있기를, "식사 중에도 좌우에 책을 펼쳐놓았다. 궁중에 있으면서 손을 거두고 한가히 앉아 있을 때가 없었다."라고 기록되어 있다. 그만큼 책 읽는 시간을 확보하고자 식사 시간마저 독서를 하고자 할애를 했다. 이처럼 틈새 시간들을 모아 독서하는 데 활용한다면 나비효과처럼 처음에는 영향력이 적더라도 하루 이틀 누적되다 보면 삶에 커다란 변화를 가져올 것이다.

나는 프랭클린 플래너 수첩을 2012년부터 쓰기 시작했으니 지금까지 9년

째 사용하고 있다. 프랭클린 수첩을 사용하면서 시간을 효율적으로 사용하고자 기록하고, 해가 바뀌면 바인더에 따로 낱장들을 꽂아서 보관한다. 『프랭클린 플래너 잘 쓰는 법』에서 저자 이명원은 "시간을 쪼개서 많은 일을 하는 것이 시간관리라고 생각하는 사람들이 의외로 많다. 그러나 진정한 시간관리는 쓸데없는 일에 시간 낭비를 하지 않는 것을 의미한다. 따라서 시간관리를 하고자 한다면 중요하지 않은 일에 소중한 시간을 낭비하는 습관은 없는지 점검하는 데서 출발해야 한다."라고 말한다. 즉, 저자 이명원과 내가 사용하는 프랭클린 플래너는 시간 낭비를 줄이고, 시간 사용의 효율을 극대화하기 위해 사용하고 있다는 것은 서로가 공통분모인 거 같다. 시간 관리를 좀 더 철저히 해서 남는 시간을 확보하기 위한 방법으로 내가 사용하는 프랭클린 플래너 수첩 활용을 시도해보길 적극 권장한다.

심승현의 『파페포포 안단테』는 2007년에 발간된 웹툰 형식의 짧은 에피소드를 엮은 어른동화이다. 참 쉽게 읽혔고 감성을 보듬어주는 참 따뜻한 책이다. 책을 펼치기 전, 표지에서 느껴지는 남자 캐릭터 파페와 여자 캐릭터 포포의 느낌은 어렸을 때 느꼈던 순수함을 대변하는 듯이 귀엽게 다가온다. 책 속에서 작가는 "조금 느리더라도, 내게 허용된 깊이와 넓이만큼 살기를 바란다."라는 말을 한다. 저자의 말처럼 나에게 있어 삶의 의미는 단지 시간개념으로 느껴지는 길고 짧고의 문제가 아니다. 얼마나 잘 살아왔는지를 심도 있게 관망할 수 있는 나 자신의 깊이와 넓이로 가늠할 수 있는 마음의 용적률을 갖추는 것과 맥을 같이 한다. 삶의 여정에서 많은 시간을 책과 함께 슬로리딩하면서 있는 그대로 그 속에서 배우며 느끼며 상생하는 삶을 살고 싶다.

그동안 너무 앞만 보며, 열심히 번 아웃 될 정도로 살았다. 경주마처럼 앞만 보며 바쁘게 사는 게 최선인 줄 알았다. 하지만 연료가 바닥난 차가 정주행할 수 없듯, 정신없이 달리기만 하다 보면 자신의 목표마저 망각하게 된다. 이런 나에게 슬로리딩은 조금은 천천히, 느리더라도 자투리 시간을 활용하여 꽉 채워주는 터닝포인트가 될 것이다.

나는 오늘도 거울 속의 나에게 말한다. '안단테, 안단테 …' 일이 안 풀려 조급해질 때마다 일부러 소리 내어 외친다. 안단테, 안단테. 사소한 일에도 신경이 곤두서고 괜히 화가 날 때 마다 일부러 소리 내어 외친다. 안단테, 안단테. 뜻밖의 행운이 찾아왔을 때도, 오랜 기다림 끝에 기대했던 일이 무사히 이뤄졌을 때도, 일부러 소리 내어 외친다. 안단테, 안단테.

"한 권의 책을 다 읽을 만큼 한가한 때를 기다린 뒤에야 책을 편다면, 아마 평생 가도 책을 읽을 날은 없다. 비록 아주 바쁜 중에서도 한 글자를 읽을 틈만 있으면 문득 한 글자라도 읽는 것이 좋다."라고 홍석주는 말한다.

생의 한복판을 걸어가고 있는 지금의 내게 해줄 수 있는 최고의 말은, 조금 느리더라도 안단테, 안단테…. 느림 속에 슬로리딩으로 자투리 시간을 조금씩 잘 꿰어서 삶을 더욱 충만하게 만들어가는 것이 책을 읽는 이유일 것이다.

SLOW READING

07

# 슬로리딩은 이해력과 배경지식의 차이를 만든다

'책을 읽는다는 것'은 자신과 다른 사람을 바라보는 이해의 폭을 넓힐 수 있는 방법이다. 소설, 에세이와 같은 장르의 책에서는 다양한 인생의 경험을 가진 인물들이 등장함으로써, 문학적인 감수성과 심리적인 위안을 받을 수 있다. 특히 어린아이들의 경우 자기 중심성이 강한 특징을 가지고 있기 때문에, 책을 읽음으로써 자신뿐만 아니라 등장인물들의 상황과 마음을 들여다봄으로써 등장인물들을 이해하고 공감하는 간접 경험을 쌓을 수 있다. 그렇게 하면 꼭 경험하지 않더라도, 다른 사람에 대한 보다 폭넓은 이해를 할 수 있게 된다.

초등학교 6학년 때, 언니가 교통사고를 당해서 병원에서 한 달 정도 입원 치료를 받은 적이 있다. 교통사고 후유증이라 그런지 두통과 다리 통증으로 인해 MRI며, 신경 치료까지 힘든 날들의 연속이었다. 바쁜 농사철이어서 엄마는 아픈 언니를 위해 마산과 시골집을 오가며 농사일에 간병까지 힘들게 하루하루를 보냈다. 난 그전까지도 거의 존재감 없이 형제들 틈에 낀 막내였지만, 그 이후로는 더 존재감이 없었다. 그때도 어린 마음에 엄마가 너무 그립고 외로웠지만, 보고 싶다는 말 한마디 못 하고 아무렇지 않은 듯 지냈다. 생각해보면 그때부터 내색도 하지 못하고 속마음도 제대로 표현하지 못한 채 마음을 꽁꽁 닫게 된 거 같다. 말해봐야 바쁜 엄마를 힘들게만 할 게 뻔했으니까 말이다.

그러다 표지에 커다란 꽃을 들고 있는 특이하게 생긴 소녀의 모습을 보았다. 그 모습은 혼자 뚱하니 입은 툭 튀어나온 채 서 있는 내 모습과 너무 흡사했다. 미하엘 엔데의 『모모』를 만나게 된 순간이다.

모모는 동화소설처럼 장면 장면이 상상으로 가득 채워져 있어 소설 모든 부분이 좋았다. 특히 남의 말을 귀 기울여 들어줄 수 있는 능력을 가진 점은 너무 부러웠다. 세상 사람들 모두가 자신만의 이야기를 하는 데 반해 모모는 모든 사물들에게 귀 기울여 교감하고 소통하며 말하는 이를 편안하게 해준다. 그렇기 때문에 모모 주변에는 친구들이 끊이지 않았고 무슨 일이 생기면 남녀노소 불구하고 '아무튼 모모에게 가보자!'라며 모모를 찾았다. 그리고 모모는 그곳에서 가만히 이야기를 들어주며 앉아 있는 것만으로도 사람들의 근심과 걱정을 해결해주었다. 그렇게 모모는 사람들에게 없어서는 안 될 존재가 되었다. 아마도 그때 나도 모모를 만나서 내 마음속의 상처를 조금씩 치유를 받았던 거 같다.

시간이 흘러 언니도, 엄마도 무사히 집으로 돌아왔고, 중학생이 되면서 다른 관계들 속에서 외로움도 이겨내는 방법을 조금씩 터득해나갔다. 모모는 외롭고, 소외되었던 상처 입은 그때의 어린 나를 대신해 내가 되고 싶은 열망하는 모습들을 깨닫게 해주었다. 또한, 나 자신을 좀 더 객관화시켜줌으로써 스스로를 합리적으로 이해할 수 있게 비춰주었다. 그렇게 나는 내가 좋아하는 것들 중에 독서가 성큼 내 생활 속으로 들어왔고, 독서는 내 삶에 있어서 단순한 읽기 이상의 의미로 다가왔다.

배경지식의 양은 이해력의 차이를 만든다. 상대적으로 배경지식이 많을수록 이해력은 높아진다. 배경지식이 많으면 같은 책을 읽더라도 그 내용이 머릿속에 쏙쏙 들어오는 반면, 배경지식이 없는 상태에서 책을 읽는다면 모르는 언어로 외국 책을 읽는 것과 같을 것이다.

2016년 11월에 아이들과 함께 일본으로 가족여행을 갔다. 그때는 남편도 일본에서 학교 다닐 때 배낭 여행에서부터 세미나 여행까지 몇 차례 다녀온 상황이었고, 나도 연수로 한 번 다녀왔기 때문에 편안한 마음으로 여행을 갔다.

테마는 오사카를 중심으로 아이들에게 보여주고 싶은 장소 및 건축 관련 공간 중심으로 일정을 잡았다. 남편과 강의를 함께했던 일본인 오쿠다 교수가 오사카에 도착한 이튿날부터 우리와 합류하였다. 오쿠다 교수는 오사카에서 떨어진 도쿄 외곽의 본가에서 생활했다. 우리 가족을 위해 오사카 시내 호텔을 별도로 예약해서 우리 목적지를 안내해주었다.

방문 장소에 대해서는 남편도 사전 배경지식을 가지고 있는 곳이고, 거기다 일본 토박이 출신인 오쿠다 교수도 있고, 천군만마를 얻은 것처럼 마음 편하게 돌아다니며 구경을 했다. 더불어 지금까지의 여행들 중 가장 편하게 와닿고 쉽게 이해할 수 있는 여정이었던 것 같다.

반면, 그 다음해 7월에 아이들과 우리 부부가 택했던 여행지는 태국 방콕이었다. 일본여행에서의 자유로움과 편안했던 부분들만 생각하며 만만하게 영어 하나만을 믿고 자유여행을 떠났다. 첫날 새벽 한 시가 넘어 도착한 방콕 수완나품 공항에서 숙소까지 택시를 타는 여정에서부터 일이 꼬이기 시작했다. 간단한 인터넷 검색을 통한 자료만을 손에 쥐고 내렸는데, 현실은 장난이 아니었다. 새벽에다 우리가 잡은 숙소는 방콕 시내에서 1시간 이상이 떨어진 곳에 있는 카오산로드랑 가까운 곳에 위치했다. 택시를 타고 영어로 이야기를 하는데도 제대로 알아듣지를 못해 실랑이 끝에 호텔에 전화를 걸어 도움을 청했고 겨우 새벽 3시가 넘어 도착했다. 우리가 출국했던 그때 동남아에서 인신매매 및 여행자 납치 사건이 이슈가 되고 있었던 터라 불안하고 무서워서 괜히 왔다 싶은 마음에 후회를 수십 번 더 했다. 태국에 대한 충분한 배경지식이 없이 만만하게 여행 온 것에 대해 뼈저리게 후회를 했다. 여행에서 배경지식이란 여행지에서 받아들일 수 있는 이해력과 직결되기 때문에 배경지식의 양이 많으면 많을수록 여행지에 대한 이해할 수 있는 능력도 커진다.

하물며 여행에도 배경지식이 중요하듯 책 읽기에도 배경지식은 매우 중요하다. 읽기에선 배경지식을 스키마 이론(schema theory)이라고 한다. 스키마 이론은 글을 읽을 때 배경지식이 많으면 보다 쉽게 이해할 수 있고, 지식을 확장해가는 것이 어렵지 않다고 주장한다. 독서를 할 때 사람들은 기존에 갖고 있던 지식과 정보를 바탕으로 새로 알게 된 지식과 정보를 더하게 된다. 같은 책을 읽더라도 독자가 그 책에 대한 배경지식이 많다면 책 속의 내용이 머릿속에 많이 남을 것이고, 그렇지 않다면 수박 겉핥기식으로 내용이 남게 될 것이다.

큰딸과 작은딸의 터울은 여덟 살이다. 작은딸이 세 살 때까지는 큰딸이 동생을 너무 예뻐하며 잘 놀아주곤 했었다. 하지만 동생이 열 살이 되고 나서 둘 사이는 거의 톰과 제리 수준이다. 동생은 언니가 좋아서 뭐든지 조잘조잘 대며 함께하려고 난리인 반면, 언니는 귀찮고 부담스러운지 싫은 티를 팍팍 낸다. 둘이 좀 사이좋게 지내면 좋겠다고 말을 하면 큰아이는 동생이 자기 말을 안 듣는다, 너무 귀찮게 한다, 뭐 일만 있으면 언니니깐 참으라는 말을 한다며 불만이다. 동생은 동생대로 언니가 안 놀아준다, 놀아주지도 않으면서 화만 내고 신경질만 낸다며 투덜댄다. 이런 일들이 빈번히 일어나다 보니 우리 아이들은 '왜 이렇게 으르렁 대는지? 아무래도 큰딸이 이해심이 부족하니 이기적이라서 그런가?' 작은딸이 욕심이 많아 언니를 이기려고 해서 그런가? 등 온갖 비합리적인 생각들을 때때로 하게 된다.

어쩔 수 없이 아이들 간에 서로 이해하지 못하는 부분들을 인내심을 가지고 천천히 설명을 해줬다. 큰아이에게는 '열 살 아이는 발달상 자아가 분명해지는 시기라 싫다 좋다와 같은 의사표현이 분명해지면서 지기 싫어하는 마음도 생긴다. 동생도 그래서 그렇지 않을까?'라고 말을 해준다. 그러고 나서 동생에게는 '언니는 지금 사춘기 앓이를 심하게 하고 있잖아. 그래서 자주 혼자 있고 싶어 하고, 귀찮아하기도 하는 등 여러 모습들이 보일 텐데 우리가 언니를 이해해줘야 하지 않을까?'라며 누그러뜨리기도 한다.

그렇게 했는데도 도저히 안 될 때는 두 아이들에게 루이자 메이 올컷의

『작은 아씨들』을 같이 읽어보자고 했다. 왜냐면 아이들 둘 다 책 읽기를 누구보다 좋아하고 지금 티격태격하는 모습들이 책 속의 막내인 에이미가 언니 조와 다투는 모습과 참 많이 닮아 있기 때문이다. 그렇게 아이들 간의 다툼은 책이 어느 정도 중재 역할을 해준다. 『작은 아씨들』에서 언니 조세핀이 동생 에이미를 어떻게 대하는지, 에이미가 이기적으로 언니 조세핀이 소중하게 생각하는 원고를 없애 언니를 얼마나 고통스럽게 했는지를 읽고 언니의 물건을 함부로 만졌을 때 느끼게 되는 속상함을 이해하는 계기가 되었다. 이처럼 책은, 아이들의 정서적 감정적인 부분을 말없이 터치한다.

책을 많이 읽은 아이들은 공감능력이 뛰어나 남을 이해하는 능력인 이해심도 뛰어나다. 이해심이 많은 아이들은 어디에서건 환영받는 행복한 인생을 살 수 있다. 책은 형제자매와 같은 역할을 해주기도 한다. 책 속에는 다양한 인물들이 등장하는데 실제로 존재하는 형제자매는 아니지만 그 이상의 역할을 경험하게 한다. '다른 자매들도 우리처럼 사는구나.', '나만 그렇게 생각하는 게 아니네.', '그럴 수도 있겠다.'와 같이 감정적인 공감을 느낀다. 책을 통해 다양한 형제자매간의 스토리를 경험한 아이들은 삶의 길이 자체는 바꿀 수 없지만, 삶을 이해하는 폭은 넓힐 수 있을 것이다. 책을 천천히 슬로리딩으로 깨치게 되면 아이들은 세상을 바라보는 이해력이 커지며, 배경지식들이 하나둘씩 늘어남에 따라 미래를 향한 자신만의 내공을 기를 수 있을 것임에 틀림없다.

SLOW READING

08

# 결국, 아이는 엄마의 독서 습관을 닮는다

아이들이 세상에 태어나 독서를 하기 시작할 때는 단계적으로 서서히 발달한다. 처음에는 부모의 말을 들으면서 어휘를 배우게 된다. 주변에서 들었던 수많은 어휘들을 듣는 것에서부터 시작해 글자를 깨치면서 단어와 소리를 연결하고, 단어와 의미를 연결하는 문장 이해력을 깨치면서 독서를 하게 된다. 따라서 아이들은 글자를 알기 전까지 듣는 것이 유일한 학습 수단이다. 아이가 어리면 어릴수록 양육자가 수다쟁이가 되면 아이는 더 많은 단어를 배우게 된다. 하지만 양육자가 매일 사용하는 일상 어휘인 말은 한정되어 있고, 다양하지 못하기 때문에 책을 읽어주어 어휘를 늘릴 수 있도록 해야 한다. 결국, 아이들은 양육자와 많은 시간을 공유함으로써 거의 모든 언어, 행동, 습관 등을 자연스럽게 양육자로부터 흡수하고 따라 하게 된다. 특히 처음에 익숙한 언어 형태인 듣기를 통한 책 읽기는 엄마가 가진 습관에 많은 영향을 받게 된다.

나는 한때 자기계발서 위주로 책을 읽었다. 직장생활을 하면서 삶의 에너지가 바닥날 때, 매일의 똑같은 일상에서 새로운 나만의 방법을 시도해보고 싶었다. 그런 나에게 『독서천재 홍대리』를 시작으로 한 『영어천재 홍대리』 등 홍대리 시리즈는 소설보다 흥미로웠고, 고수들이 전해주는 따끈따끈한 내용을 쉽게 배울 수 있어서 좋았다. 홍대리 시리즈를 모두 읽으면서, 새로운 변화에 대한 희망이 보이기 시작했다. 직장에 얽매여 있지만 홍대리처럼 변할 수 있을 것 같아 가슴이 벅차기 시작했다. 어느 정도 자기계발서를 탐독한 뒤 자연스럽게 심리학 분야까지 손길이 옮겨갔다. 이렇게 책에 빠져 있는 나를 보며, 작은아이가 궁금한지 빤히 쳐다보며 물어보았다.

"엄마, 엄마는 책을 왜 읽어요?"

"응 ~ 재미있어서 읽지. 왜? 엄마가 책 읽는 게 싫어? 이상해?"

"아니요. 다른 친구 엄마들은 책을 안 읽는다고 하는데, 엄마는 책을 너무 열심히 읽는 거 같아서요. 어른들도 이렇게 책을 열심히 읽는 게 신기해서요."

나는 그렇게 집에서도 책을 밥 먹듯이 습관적으로 펼치며, 읽어나갔다. 워킹맘으로 바쁜 나에게 친구를 만난다는 건 하늘에 별 따기처럼 어렵게 시간을 맞추어야 하는 수고로움과 다른 집안의 일들을 확인해야 하는 번거로움이 있다. 하지만 책은 언제든 내가 원하기만 하면 친구를 만나 대화하듯 자주 만날 수 있고, 책속에서 모든 살아가는 답을 구할 수 있어 일거양득이다. 미국의 작가이자 출판업자로 유명한 재클린 케네디 오나시스의 "당신의 자녀의 세상을 넓힐 수 있는 자그마한 길들은 많이 있지만, 그중의 최고는 책을 사랑하는 것"이라는 명언처럼 집에서 책 읽는 엄마의 모습을 통해, 어린 시절부터 독서 습관을 들인다면 어른이 되어서도 책을 가까이하는 삶을 살아갈 것은 분명하다.

며칠 전 출근길에, 급한 마음에 핸들을 빨리 돌리려다 오른손이 핸들에 끼었는데 엄지손가락과 검지손가락 사이에 염증이 생겼는지 손가락을 움직일 수가 없었다. 참다 참다 도저히 안 돼서 커다란 파스 한 장을 붙였다. 소염 효과가 강한 파스를 붙였는데도, 핸들을 돌리거나 조금 무거운 물건을 잡기라도 하면 아야 소리가 절로 나와 잡기도 어려웠다. 그래서 어쩔 수 없이 그날 저녁에는 익숙한 오른손이 아닌 왼손으로 책을 잡고 독서를 했다. 좀 주책이라고 이야기할 수도 있지만, 나 스스로 손이 아프다는 핑계로 책을 하루라도 읽지 않게 되면, 마음이 해이해져 하루가 이틀이 되고 삼일이 되는 나태함이 연속될 것임을 알기 때문에 무슨 일이 생기더라도 매일 조금씩 독서하는 습관을 들이려고 한다. 그런 나를 보고 가끔은 어린 눈에도 엄마가 안쓰럽게 보이는지, 작은아이는 "엄마, 오늘은 그냥 좀 쉬면 안돼요? 그냥 주무시면 안 돼요?"라는 말을 한다.

나는 아이에게 "만약 몸이 불편하다고 하루를 미루게 되면 마음속에 꾀가 생겨서 다음번에도 핑계를 대는 일이 생길지도 몰라. 그러면 책을 읽어도 그만 안 읽어도 그만이라는 생각이 들 수도 있을 거야. 엄마에게 책은 늘 함께하는 '옷'과도 같은 존재란다. 그래서 조금이라도 읽는 게 마음이 편하단다."라는 대답을 했다. 옷이란 사람들과 사시사철 함께할 때만이 그 고유의 존재감이 드러난다. 또한 계절에 따라 두께의 차이만 있을 뿐, 시간과 공간을 불문하고 늘 함께하는 존재이다. 나에게 있어 책은 옷과 같은 존재이다.

책을 가까이할 때 사람들은 철학적인 접근을 중시하기도 하지만, 나의 경우는 매일의 일상을 함께하는 실용적인 접근으로 책을 곁에 둔다. 이런 나의 모습들을 종종 바라보며 생활하는 우리 아이들은 과연 책을 어떻게 생각하며, 어떻게 바라볼지 가끔은 나 또한 궁금하다.

『나는 공부 대신 논어를 읽었다』의 작가 김범주는 필사, 베껴 쓰기의 장점에 대해서 다음과 같이 이야기한다. "필사는 읽기만 하는 것보다 2배나 빠르게 자신만의 깨달음을 정리할 수 있게 한다. 또한 글쓰기 능력이 자연스럽게 향상되며, 반성을 통해 자신의 마인드와 행동 변화를 촉진시킴으로써 책의 내용을 완전한 내 것으로 습득하게 하는 장점을 가지고 있다"고 말한다. 소설가인 신경숙은 『필사로 보냈던 여름방학』이라는 글에서 수많은 작가의 글을 필사하며 보냈던 습작 시절을 이야기하기도 했다. 그래서 저자는 가끔 "이게 내 문장인지 아닌지 분간하기 어려울 때도 있다."라는 말까지 했다. 『대통령의 글쓰기』작가 강원국도 "필사는 책의 내용을 더 깊이 있게 보고 다양한 관점에서 생각해 볼 수 있게 한다."라며 필사의 장점들을 이야기했다.

"엄마, 뭐 해요?"

"책 읽으면서, 필사하고 있지."

"필사가 뭔데요? 왜 하는 거예요?"

"책을 읽고 나서 마음에 드는 좋은 문장을 발견하면, 그 내용을 적어서 마음에 새기려고 필사를 하고 있지."

"엄마, 나도 해보고 싶어요."

"그래, 어떤 책을 필사하고 싶은데?"

"『우리 아이, 스티브 잡스처럼』 이 책 필사할래요."

"아, 저번에 엄마가 추천해줬던 책 말이구나."

"네, 김태광 작가님이 쓰신 건데 재미있어요."

"그래, 그럼 너도 그 책 재미있게 필사 시작하렴~ 엄마는 『삶의 의문에 관한 100문 100답』을 열심히 필사하고 있으니깐."

이렇게 해서 작은아이도 필사를 시작한 지 2주가 넘었다. 그 전에 나는 김태광 작가의 저서를 3권 필사를 했던 적이 있다. 필사를 할 때마다 옆에서 유심히 쳐다보던 아이가 드디어 나를 따라 필사에 도전하는 모습은 기특하기만 하다. 작은아이는 책 읽는 것을 좋아해서, 시시때때로 큰아이처럼 옆에 책을 끼고 살지만, 꼼꼼하니 정독해서 보는 게 아니라, 훑어보듯이 읽는다. 그래서 가끔은 아이가 책의 내용을 제대로 알고 넘어가나 어쩌나 걱정을 하곤 했다. 필사를 통해 이번 기회에 좀 더 꼼꼼하게 책 읽는 습관을 들일 수 있겠구나 란 생각이 들어서 내심 기뻤다.

무슨 일을 하건 습관은 중요하다. "습관은 인간으로 하여금 어떤 일이든지 하게 만든다."라고 도스토예프스키는 말한다. 그만큼 습관은 의식적이든 의식적이지 않든 우리의 몸과 마음속에 자리 잡은 채 사람들의 행동을 지배한다. 그렇기 때문에 사람은 좋은 습관을 얼마나 가졌느냐에 따라 성공하느냐, 행복하게 사느냐가 결정된다고 단언할 수 있다. 대부분의 사람들은 습관이라는 거대한 삶의 순환 속에서 산다. 습관은 사람들이 무언가를 생각하기 전에 행동을 하게 만든다. 이런 습관은 인간이 가진 가장 큰 장점 중의 하나이지만, 자칫 잘못된 습관으로 인해 실수를 반복적으로 행할 수 있는 위험성 또한 내포한다.

공병호 작가는 "선천적으로 소심한 심장을 가졌더라도 오랜 연습을 거치면 강건한 심장으로 거듭날 수 있다. 긴장감이 감도는 상황에 자신을 노출하고 이를 감당하는 훈련을 반복해 긴장의 상황을 '루틴'한 상황으로 만들면 된다."고 한다. 루틴은 습관을 말한다. 무엇이든 하나의 습관이 되면 어려울 것이 없다. 독서도 마찬가지다. 독서를 매일의 일상 습관으로 만들어보자. 우선 엄마가 책 읽는 것을 습관으로 만든다면, 책을 읽는 엄마 밑에서 자란 아이는 무의식중에라도 독서는 꼭 해야 하는 것이며, 정말 중요한 것이라는 생각을 하게 된다. 아이는 자연스럽게 엄마의 독서하는 모습을 모델링 삼아 책을 읽는 습관을 들이게 될 것이다.

17 Wenn ihr dies wißt, glückseli
wenn ihr es tut!
Jesus und der Verräter
Mt 26,21-25; Mk 14,18-21; Lk 22,21-23
18 Ich rede nicht von euch allen; ich weiß, die
welche ich erwählt habe. Doch muß das
chrift erfüllt werden: »Der mit mir
t ißt, hat seine Ferse gegen mich
age ich es euch, ehe es geschieht,
wenn es geschehen ist,

SLOW READING

5장

# 슬로리딩, 아이의 인생을 바꾼다

"슬로리딩은 삶의 태도와 관련된 책 읽기이다.
슬로리딩으로 책을 읽다 보면 사고의 확장, 자유로운 생각의 표현이 가능해지고
몰입과 자기주도적인 학습을 통해 인내심을 길러줌으로써
성공적인 아이의 미래를 보장해준다."

SLOW READING

01

# 슬로리딩, 아이의 인생을 바꾼다

슬로리딩은 단순히 책을 깊게 읽는 것이 아니라 삶의 태도와 깊은 관련이 있다. 우리는 살아가면서 결과주의적인 관점에서 부딪히는 문제들을 해결하려고 한다. 하지만 사소해 보이더라도 작은 것에서부터 의문을 가지고 탐구를 해보려는 마음가짐, 삶의 기본자세를 가지는 게 필요하다. 왜 대부분의 사람들은 책을 읽으면 인생이 바뀌고, 새로운 인생을 살 수 있다고 하는 것일까? 책은 살아 숨 쉬는 생명체이기 때문이다. 책이야말로 인간의 내면을 근본적으로 바꾸어주는 힘을 가지고 있기 때문이다. 책을 읽고 난 뒤, 머릿속에 한 구절만이라도 남는다면 그것은 삶을 변화시키는 단초이자 성공적인 책 읽기라 명명할 수 있을 것이다.

올해 1월은 살아오면서 인생 최대의 슬럼프에 빠졌던 시기다. 겉으로 보기에는 평상시처럼 아무렇지 않게 열심히 사는 모습이니 아무도 눈치를 채지 못했다. 하지만 직장이나 가족에게 드러나지 않는다고 잘 사는 것은 아니다. 정신적인 버팀목이었던 엄마의 사망은 알게 모르게 내 삶을 잠식한 채 송두리째 흔들어놓았다. '지금 내 삶은 제대로 살아가고 있는 것인가? 나란 존재는 도대체 무엇인가? 내가 살아가는 목적은? 내가 하고자 하는 것, 내가 꿈꾸는 게 맞는 것인가?' 너무도 혼란스러웠고, 무기력해진 상태라 아무것도 하고 싶지 않았다. 며칠 전 퇴근길에 '모두의 강연-가치 들어요.'에서 국악인 박애리의 사모곡 월하정인을 우연히 들었다. 영상을 보기 전, 박애리가 누군지도 몰랐지만, 영상을 통해 전해지는 엄마에 대한 애절한 마음이 고스란히 전해져 듣는 내내 줄줄 울면서 흐느꼈다. 돌아가신지 두 달이 채 안 되어 아직 떠나보낼 마음의 준비가 안 된 난, 겉으로는 강한 척 내색하지 않으려 애썼지만 가슴은 무너져 내렸다. 세상에 나의 정신적인 버팀목이 사라졌다는 건 견뎌내기 힘든 현실이다. 무기력해진 나 스스로를 'I am OK, I am OK.'로 열심히 포장했지만 실은 괜찮지가 않았다. 괜찮을 수가 없었다는 게 맞을 것이다. 그런 나 대신 동병상련의 아픔을 대신 앓아주듯 박애리 씨의 애끓는 모정을 보니, 박애리 씨를 통해 내가 살아야 할 삶의 희망이 보였다.

그날 저녁 집에 들어서자마자 신경숙의 『엄마를 부탁해』를 책장에서 찾아서 읽기 시작했다. 이 책은 2008년 창비에서 출간되었다. 돌아가신 엄마의 인생 스토리와 흡사한 부분들이 많아서 읽으면서 많이 공감했었고 반성을 하게 만들어준 책이었다. 책 속에는 딸의 중학교 입학금을 위해 엄마의 유일한 패물인 금반지를 팔게 된 이야기가 나온다. 엄마가 살아계실 때 "엄마~ 책 속에 엄마랑 비슷한 이유로 반지를 팔아서 딸에게 수업료로 전해준 이야기가 나와요."라며 책 이야기를 들려드렸던 기억이 있다. 그때 엄마는 "끼지도 않는 반지 가지고 있으면 뭐 하노? 공부하는 데 쓰면 되지!"라며 아무렇지 않게 말씀하셨다. 지금 생각해보면, 엄마인들 왜 섭섭하지 않았겠는가? 하지만 공부를 더 하고 싶어 하는 막내딸을 위해 엄마 당신의 반지를 팔아서라도 해주시려 하셨던 것을. 그때도 그랬지만 엄마가 안 계신 지금은 죄송한 마음에 한동안 고개 숙인 채 흐느꼈다. 내가 자랄 때 시골 마을에서 엄마는 동네 어르신들 간에 문제가 생기거나 다툼이 생길 때면, 늘 중재 역할을 도맡아 하셨다. 그런 엄마를 보고 아버지는 오지랖 넓다, 여자가 괜히 나서기 좋아한다며 타박을 하셨다. 하지만 난 그런 엄마가 제대로 못 배우셨지만, 용감하고 대가 찬 신여성처럼 좋았다. 엄마의 지혜로운 모습이나 어느 누구보다 이해심 깊고 소통을 잘하는 모습을 볼 때면, 배우지 못한 한이 느껴져 속상했다. 그래서 그런지 엄마도 자식들 중 누구라도 공부를 하려고 하면, 뒷바라지를 해주시려고 애쓰셨던 거 같다. 특히 막내인 나는 늦은 나이에 낳아서인지, "돈을 물려줄 것도 아니고 공부나 많이 해서 머리로 먹고 살아라."라는 말을 어릴 때부터 듣고 자랐다. 사실 지금 생각해봐도 형제들 많은 틈에서 연로하신 부모님이 막내에게 해줄 수 있는 건 공부시켜주는 게 최선이라고 생각하셨던 것이 아니였나 싶다. 나는 어릴 때부터 음악, 미술을 배우고 싶었다. 하지만 시골이라 제대로 된 학원도 없었기 때문에 배울 수가 없었다. 이런 배움에 대한 미련은 만화가를 꿈꾸게 하고 컴퓨터 그래픽을 배우게 하는 등 여러 시행착오를 겪게 만들었다. 그럴 때마다 주변에서는 반대했지만, 엄마는 늘 곁에서 응원해주셨다. 그런 혼란스러운 과정들 속에서도 책은 늘 함께했고, 책 읽기에 대한 생각의 끈은 놓지 않았다. 지금 생각해보면, 박애리의 사모곡에서 느껴지는 절절한 엄마에 대한 그리움, 『엄마를 부탁해』에서 느꼈던 보답하지 못한 모성애에 대한 죄스러움, 돌아가신 엄마의 배우지 못한 공부에 대한 한이 나에게 고스란히 전해져 책 읽기에 대한 숙원으로 남아 독서의 길로 나아가게 한 것 같다.

얼마나 많은 사람들이 독서를 통해 인생의 새 장을 열어왔는가? 고이케 히로시 작가의 『2억 빚을 진 내게 우주님이 가르쳐준 운이 풀리는 말버릇』에는 말버릇을 바꾸면서 한화 약 2억 원의 빚을 갚았다는 이야기가 나온다. 이 책의 핵심은 "말버릇을 긍정적으로 바꾼다면 인생을 바꿀 수 있다."라는 강력한 메시지를 전해주고 있다. 자신이 하루 중 내뱉는 말을 잘 기록해본다면 자신의 말버릇이 부정적인지 긍정적인지를 알 수 있을 것이다. 대부분의 사람들이 긍정적인 말보다는 '짜증난다, 기분 나쁘다, 일이 제대로 안 풀린다' 등 부정적인 말들을 많이 하는 자기 자신을 발견할 것이다. 긍정적인 말보다는 부정적인 말이 빠르게 전염되며 미치는 파급력도 상당하다. 반면에 이런 부정적인 말을 하기 전에 '감사합니다.', '사랑합니다.', '축복합니다.'와 같은 긍정적인 말을 되뇌이면 마음속에 떠오르던 부정적인 감정이 사라지면서 편안해짐을 느끼게 될 것이다. 따라서 우리가 책을 읽을 때도 성급하게 쫓기듯 급하게 읽기보다는 천천히 귀한 음식을 음미하듯 곱씹으면서 읽을 필요가 있다. 그래야 책의 내용이나 저자의 의도를 알 수 있게 된다.

조선 시대 사대부들은 거창한 유교 덕목만을 중요시한 것이 아니라, 책을 아끼고 소중하게 다루는 작지만 소소한 행동 덕목들을 강조했다. 하지만 요즘은 이전 시대와는 다르게 책이 귀하기보다는 흔해진 탓에 책에 낙서를 하거나 책을 찢고, 한 번 보고 나면 쉽게 버리는 등 일회성으로 생각하는 경향이 강하다. 이것은 어쩌면 어릴 때부터 우리가 책을 보고 만지고 읽고 하는 태도와 관련된 부분을 제대로 배우지 못했기 때문일 것이다. 책은 물론 읽는 것도 중요하지만, 책 읽기에 앞서 선행되어야 할 것은 책을 소중하게 다룰 줄 아는 태도이다. 아이들이 책을 읽는 첫 번째 관문은 책을 제대로 다루는 바람직한 태도의 정립에서 시작한다. 첫 관문을 무사히 통과하게 되면 아이들은 책 읽기를 통해 작지만 소소한 것에서부터 자신의 인생을 소중하게 여기는 사람이 될 것이다.

책 읽기에서 무엇보다 우리 아이들을 획기적으로 바꿀 수 있는 최고의 습관은 '독서 습관'일 것이다. 결국, 공부도 습관의 산물이다. 습관에도 공부를 잘하게 하는 습관이 있는 반면, 공부를 방해하는 습관도 있다. 공부를 잘하게 하는 습관으로는 예습, 복습 습관, 자기주도 학습 습관, 질문하는 습관 등 여러 가지가 있겠지만, 그것들 중 독서 습관만큼 확실하면서도 공부에 큰 영향을 끼치는 습관은 없다. 오그 만디노는 『위대한 상인의 비밀』에서 "실패한 사람과 성공한 사람의 차이는 단지 그들의 습관에 달려 있다."라며 좋은 습관이 사람의 성공에 중요한 열쇠임을 역설한다. 이처럼 중요한 독서 습관의 단초는 가정에서 출발한다. 우선 아이의 독서 습관을 들이기 위해서 부모는 아이의 독서에 대한 꾸준한 관심을 가져야 하며, 책을 가까이하고 책을 읽는 집안 분위기를 조성하는 게 필요하다. 이처럼 어릴 때부터 가정에서 독서하는 습관이 길러지게 된다면 아이는 공부뿐만 아니라 함께 살아가야 하는 관계에서 좋은 인성도 기르게 될 것이다. 결국, 가정교육의 근간이 책 읽기, 슬로리딩이 된다면 미래 사회를 이끌어갈 우리 아이의 인생이 보다 풍요롭고 주체적인 삶으로 나아갈 것이다.

SLOW READING

02

# 몰입과 자기주도 학습이 가능하다

아이가 슬로리딩을 한다면 정말로 자기주도 학습이 가능해질까? 대부분의 부모들은 그렇지 않다고 말할 것이다. 왜냐면 대부분의 부모들이 슬로리딩을 경험해본 적이 없고, 정보가 넘쳐나는 시대에 천천히 책을 읽는다는 건 시대에 뒤처지는 방법이라 생각하기 때문이다. 하지만, 천천히 깊이 있게 책을 읽는 행위는 능동적인 행위로서 뇌의 각 영역인 시각, 청각, 언어 영역들을 서로 연결하고 통합하는 행위이다. 살아가는 데 필요한 모든 공부의 바탕이 언어에 기반을 두고 있듯이 그 언어를 좌우하는 것은 책을 읽는 능력에 달려 있다. 그러므로 공부라는 것은 자기 스스로의 능동적인 선택, 자발적인 의지가 강하게 작용할 때만이 가장 효과적이다.

"올해 6살인 지수는 공주 책만 사달라고 조릅니다. 아이가 좋아하는 책을 사주고 싶긴 하지만, 공주 책에 공주 옷에 공주 신발에 온통 핑크 핑크 하니, 어떻게 해야 될지 모르겠습니다."라며 지수 엄마가 걱정스럽게 이야기를 꺼냈다. 아이가 고르는 책이 공주 캐릭터에만 집중되다 보니 '친구들과의 관계에서도 잘 어울리지 못하면 어떻게 하나?' 걱정이 된다고 했다.

요즘 어린아이들 사이에도 친구들끼리 놀면서 따돌리거나 하는 행동들을 한다는 이야기들을 많이 접하다 보니, 걱정스러울 수 있다. 하지만 그렇더라도 아직은 아이가 먼저 고르는 책을 인정해주는 게 중요하다. 엄마는 아이가 고른 책을 함께 보면서 왜 그 책을 좋아하는지? 물어보면서 아이의 생각이나 아이가 어떤 것을 원하는지를 파악하는 게 필요하다. 그런 다음 아이가 필요로 하는 독서에 도움을 주는 것이 좋다.

인간은 태어날 때부터 자율적으로 행동하려는 욕구를 가지고 있기 때문에, 이런 자율적인 욕구가 제대로 발달하지 못하면 욕구불만으로 인해 아이들은 어긋날 가능성이 크다. 때문에, 설령 성인의 기준에서 옳지 않다거나 시간이 오래 걸린다고 하더라도 나무라거나 재촉하지 말아야 한다. 혼자 선택할 수 있게 기다려주는 것이 나중에 커서도 무언가를 위해 자기 스스로 목표를 세우고 선택하는 결정력을 키울 수 있게 된다. 아이들은 다른 사람이 골라준 책보다는 스스로가 고른 책을 더 흥미로워하며 집중력도 올라간다. 그 책에 관심이 있는 만큼 반복해서 읽는 과정을 통해 아이의 읽기 능력도 향상될 것이다. 어릴 때부터 책을 고르는 경험을 반복함으로써 관심 분야나 좋아하는 작가, 그림 등이 머릿속으로 조금씩 정립되고 이는 자기주도적인 공부를 하는 데 도움이 될 것이다.

이탈리아의 남쪽 시실리의 도시국가 시라쿠사의 왕은 전쟁의 승리를 축하하기 위해 신전에 금으로 만든 왕관을 만들어 바치기로 했다. 금 세공 기술자에게 금을 주어 금관을 만들도록 했고, 마침내 금 세공 기술자가 왕관을 만들어 바쳤지만, 받은 금을 전부 쓰지 않고 일부를 가로채고 은을 섞어 왕관을 만들었다는 소문이 돌았다. 그래서 왕은 아르키메데스에게 숙제를 내주었다.

"내가 구한 이 금관이 순금인지 아닌지 감정하여라."

어떻게 해야 금관을 훼손하지 않은 채 순금인지를 확인할 수 있을까?

그러나 수학자이자 유명한 물리학자인 그에게도 왕관을 손상시키지 않고 진위를 가려내기란 쉽지 않았다. 온종일 그 문제만 골똘히 생각하던 아르키메데스는 목욕을 하던 중 답을 알아내고는 알몸으로 뛰쳐나와 그 유명한 "유레카"를 외쳤다. 얼마나 골똘하게 생각을 했으면, 옷을 벗은 줄도 모르고 뛰어나가서 외쳤을까? 이 실험적인 행동을 통해 부력의 법칙을 발견했다. 고다마 미쓰오의 『아주 작은 목표의 힘』에는 세계적인 베스트셀러 작가인 움베르트 에코에 대한 이야기가 나온다. 그는 승강기를 기다릴 때도, 화장실에서도 기차에서도 수영하는 동안에도 몰입을 통해 자신의 일을 하는 것이 가능하다고 했다. 좀 더 가까운 예로 큰아이가 어릴 때, 거실 소파 위에 누워서 책을 읽곤 했다. 그럴 때면 몇 번이나 불러도 대답이 없는 아이가 혹 책 보다가 자는 건지, 아님 듣고도 못 들은 척하는 건지 의구심이 생겨서 확인을 했던 적도 있다. 사실 우리는 살아가면서 여러 유형의 시험을 보게 된다. 시험 당일 공부했던 내용을 확인 점검 하는 그 짧은 순간에 얼마나 많은 사람이 집중해서 몰입의 경험을 하는지는 굳이 말할 필요도 없다. 이런 몰입은 아르키메데스나 움베르트 에코처럼 특별한 능력을 가진 사람들만이 겪는 특별한 일은 아니다.

『몰입의 즐거움』의 저자인 미국의 심리학자 미하이 칙센트미하이는 삶에서 행복감을 느끼기 위한 조건으로 순간순간 '몰입'이 필요하다고 이야기한다. 우리가 몰입하지 않고 맛보는 행복은 내적인 부분을 등한시한 외적인 상황에 의존하는 경우가 많다. 반면에 내면에서 꽉 차오르는 행복 즉 몰입에 의한 행복은 자기 스스로가 만들어내는 것이므로 더 값지고 의미 있다는 것이다. 그는 몰입을 하게 되면 심리적으로 에너지가 쏠리고, 완전히 그 활동에 참여해서 활동 자체를 즐기게 된다고 한다. 그래서 몰입할 때의 느낌은 '물 흐르는 것처럼 편안한 느낌', '하늘을 날아가는 자유로운 느낌'이라고 한다.

오늘을 살아가는 우리들 대부분은 평소 자신이 좋아하는 음악을 듣거나, 읽고 있는 책에 심취해서 집중할 경우 때때로 누군가가 옆에서 이야기를 해도 전혀 들리지 않던 경험이 있을 것이다. 이런 경험들은 누구나 살면서 경험하게 되는 행복한 순간 즉 몰입의 순간들이다.

코로나 팬데믹 현상으로 인해 작년 한 해, 전국적으로 온라인 비대면 수업이 오프라인 수업보다 많아지면서 학생들에게 자기주도 학습에 대한 사회적인 관심과 요구가 높아졌다. 2020년 한국교육학술정보원에 따르면, 현직 교사 64.92%가 학습 격차가 심화된 이유로 '자기주도 학습 능력의 차이'를 들고 있다. 앞으로 팬데믹과 같은 비정상적인 상황에서 오늘을 살아야 할 아이들의 교육을 위해서 자기주도 학습은 선택이 아니라 필수조건이다.

자기주도 학습에 대한 중요성이 널리 퍼지면서 아이들의 '몰입'에 대한 관심도 뜨겁다. 학습 상황에서의 몰입은 학습에 적극적으로 참여하고 과제에 집중하면서 자기 스스로가 성취감을 맛보고 즐거움을 느끼는 것을 말한다. 많은 연구에서 몰입은 자존감, 성취감을 높여주고 개인의 성장을 돕는다고 주장한다.

자기주도 학습이란? 아이들 스스로 공부할 수 있는 능력과 습관을 길러 스스로 자신의 목표에 맞추어 실천하는 공부 방법을 말한다. 그렇지만 막상 현실에서는 자기주도 학습을 어떻게 시작해야 하는지에 대한 방법적인 부재에 부딪히게 된다. 자기주도 학습의 핵심은 자발성이다. 자발성은 하루아침에 갑자기 생기는 것이 아니다. 목표 의식과 그 일을 해낼 만한 능력이 갖춰졌을 때 생겨난다. 혼자 공부하고 싶어도 이해력이 떨어지거나, 집중력과 인내심이 부족하면 자기주도 학습을 한다는 건 불가능해진다.

그렇기 때문에 어릴 때부터 독서를 통해 풍부한 이해력을 키우게 된다면, 정보를 처리할 수 있는 능력이 뛰어나며 기억력과 집중력이 좋아져서 아이 혼자서도 공부를 충분히 해낼 수 있을 것이다. 책을 읽는 과정에서 아이는 몰입의 순간들을 경험함으로써 강한 집중력을 통해 내면이 단단한 아이로 자랄 것이다. 또한, 책 읽기를 통해 직접 경험하지는 못하더라도 어떤 새로운 일에 두려움 없이 도전하는 도전의식이 강한 아이로 자라게 될 것이다. 이와 같이 천천히 깊이 있는 슬로리딩은 빈번한 몰입의 경험을 통해 자기주도 학습의 밑바탕이 되는 목표 의식, 집중력과 이해력 등을 키워주는 데 매우 유용한 독서법이다.

SLOW READING

03

# 슬로리딩, 생각의 표현을 자유롭게 한다

'해리포터' 시리즈의 저자인 조앤 K. 롤링은 "나는 해리포터에 나오는 마법을 믿지 않습니다. 하지만 정말 좋은 책을 읽는다면 마법 같은 일을 경험할 수 있을 거라 확신합니다."라고 말한다. 누구나 한 번쯤 해리포터와 같이 마법의 지팡이가 있어서 마법을 부릴 수 있다면 얼마나 좋을까? 라는 상상을 해 본 적이 있을 것이다. 나는 그중에서도 다른 사람의 생각을 읽을 수 있는 마법을 부리고 싶었다. 나와 다른 누군가의 생각을 읽을 수만 있다면 그것처럼 멋진 마법이 있을까? 라는 생각에 한동안 마법소녀처럼 마법을 부리는 삶을 꿈꾸기도 했다.

사람의 미래를 결정짓는 것은 그 사람이 어떤 생각을 갖고 살아가느냐를 보면 알 수 있다. 하지만 사람이 다른 사람의 생각을 읽는다는 것은 마법에서나 가능하지 현실적으로는 불가능하다. 간혹 그 사람의 말이나 행동을 통해 그 사람의 생각을 읽기도 하지만, 그것보다도 더 확실한 방법은 그 사람이 어떤 책을 읽는지를 보면 어느 정도 유추할 수 있게 된다. 우리는 살면서 만나는 다양한 사람들과 여러 경험들을 통해 삶의 방식을 배워나간다. 어릴 때부터 겁 많고, 소심한 나에게 책은 스승이었고, 사람들과 숨 쉬며 세상 속으로 나설 수 있게 가르쳐준 것도 책이었다.

큰아이가 9살 때 돌아가신 외할아버지가 보고 싶다며 갑자기 울음을 터뜨린 적이 있다. 그때는 남편과 주말부부로 지내던 때라, 가끔 주말이면 남편 없이 아이와 둘이서 잠깐 친정집에 다녀오곤 했다. 시골집에 내려가면, 딸인 내가 조금이라도 쉬기를 바라는 마음에 큰아이를 데리고 친정아버지는 진달래꽃을 따거나 쑥도 캐고, 업어도 주시면서 동네를 한 바퀴씩 돌았다. 그때 남편은 공부하느라 바빴기 때문에 아이와 놀아준 기억이 별로 없다. 그러다 보니 가끔 그렇게 아버지가 아이를 데리고 놀아주면, 아이는 그 기억으로 몇 주를 재밌게 보냈다.

아버지는 사실 자식인 우리 형제들에게는 그렇게 다정하게 표현을 하신 적이 별로 없다. 내 기억에 친정아버지는 6.25를 십 대 후반에 겪은 세대로서 아버지의 동생인 삼촌은 고등학교까지 다니셨지만 집안의 가장인 아버지는 학교에서 공부하는 대신 할아버지를 도와 농사를 지었다. 그래서 그런지 어릴 때부터 제대로 배우지도 못하고 힘든 농사일만 하는 아버지를 볼 때면 속상하고 안쓰러웠다. 더군다나 외골수인 성격에다 남들에게 싫은 소리 한마디도 못 한 채 평생을 참기만 했다. 남들은 아버지를 법 없이도 살 사람이라며 입에 발린 소리를 했지만, 딸인 내가 볼 때, 당신 생각조차 남들에게 표현을 제대로 못하니 괜히 다른 사람들이 얕잡아 보고 아버지만 손해를 보는 것 같아 때때로 화가 났다. 그러니 집안에 대소사가 생기면 아버지가 나서서 일을 처리하기보다는 늘 엄마가 앞장서서 일을 해결해야 했다.

그러다 보니 엄마의 삶이 다른 여느 엄마들의 삶보다는 더 많이 팍팍하고 고달팠다. 이런 아버지의 모습을 보면서 자란 나는 이다음에 배우자는 꼭 자기 생각을 정확하게 표현하는 사람을 만날 것이라 다짐했었다. 그때의 다짐처럼 지금 남편은 자신의 주장이나 생각을 표현할 때는 논리정연하게 거침이 없이 말을 한다.

평소에 나는 생각을 많이 하는 편이다. 생각을 하다 보면, 마음속으로 정리하느라 제대로 이야기를 할 기회를 놓칠 때도 있다. 하지만 이제는 조금씩 제때에 표현을 하려고 애쓴다. 그렇다고 너무 성급하게 표현을 하려고 서두르지는 않는다. 우리가 무엇을 하든 천천히 시간을 충분히 갖는 게 중요하다.

책 읽기도 마찬가지다. 우리가 책을 읽는 궁극적인 즐거움은 책 속에 있는 글자를 하나하나 따라 읽으면서 그 속에 담긴 의미를 이해하면서 작가의 생각과 자신이 공감되는 부분에서 사고를 확장하고 생각을 자유롭게 표현하는 데 있다.

내가 학교에 다닐 때는 주입식으로 교육을 받았고, 정답을 외우고 찾는 방식으로 배웠다. 우리는 모든 사람에게 동일한 방식으로 가리키고, 같은 문제를 풀게 한 뒤, 점수를 통해 순위를 매기는 방식으로 길들여진 세대다. 이런 방식은 식민지 시대를 거치면서, 일본식 교육제도를 받아들임으로써 나타나게 된 가장 큰 폐해일 것이다. 학교 시스템에서도 활달한 성향인 아이들은 영향을 덜 받았겠지만, 나처럼 내성적인 성향을 가졌을 경우 성장했을 때 토론이라는 새로운 장르의 문화에 맞닥뜨리게 된다면 굉장히 당황스러울 것이다.

학부에서 사회복지를 전공할 때, 팀별 과제에 발표며 토론 수업까지 이어질 때면 다른 학생들에게 주장하고 설득해야 하는 그 상황들이 어색하고 힘들었다. '차라리 교수님이 이 부분은 이래서 맞고, 저 부분은 저래서 틀린 거라고 지적해주거나 이런 방식으로 하라고 방향을 정해주면 차라리 마음 편할 텐데.'라며, 우리끼리 투덜거리기도 많이 했다. 이런 투덜거림의 기억은 내향성을 가진 이들만의 독특한 전유물이 아니라, 대부분의 주입식 교육을 받았던 세대들에서 나타나는 불편한 기억일 것이다.

그런데, 오늘날 21세기 교육의 패러다임이 새롭게 변화되면서, 과거에 선호했던 인재상은 창의적이고 상상력을 갖춘 유연한 사고를 가진 인재를 추구하는 방향으로 바뀌고 있다. 하지만 아직까지 학부에서 강의를 하다 보면 우리 세대가 불편해하던 자유로운 토론식의 수업 방식을 현세대들도 여전히 불편해하고 있음을 알 수 있다. 성적이라는 최종 목표를 향해 순위 다툼을 하던 우리 세대야 그랬다 치더라도 지금은 개별화, 다양성, 상상력, 정보력 등 새로운 변화의 중심에선 세대들에게서마저 비슷한 결점들이 보인다는 건 분명 심사숙고해야 하는 부분임에 틀림없다. 이 부분을 해결하기 위해서는 단편적인 얄팍한 정보들을 손쉽게 취하는 태도에서 벗어나 시간이 좀 걸리더라도 자신의 생각을 정리하고 다듬어서 표현할 수 있는 책 읽기가 필요하다. 하지만 책을 읽는다고 해서 사고하는 능력이 그저 생기는 것은 아니다. 책 속에는 생각을 만들어내는 어휘, 내용 이해를 위한 독해, 요약하기, 상상하기, 판단하기, 추리 및 연상하기와 같은 생각 도구들이 있다. 이런 생각 도구들이 모이게 되면 창의력이라는 생각의 결과물을 만들어내게 된다. 우리가 열심히 책을 읽었는데도 어휘력이 늘지 않고 책의 내용을 제대로 파악하지 못하며, 책을 읽기 전과 읽고 난 이후의 생각이 달라지지 않는다면 이것은 제대로 책을 읽은 것이 아니다.

우리는 슬로리딩을 통해 작가의 사고나 경험을 천천히 따라가며, 한 문장 한 문장 읽어나간다면 자신의 생각을 좀 더 자유롭게 표현하게 될 것이다. 슬로리딩은 생각의 깊이를 더해주는 독서 방법이다. 천천히 책을 읽고 혼자서 사색하면서, 저자와의 대화를 통해 생각의 깊이를 한 단계 도약하게 도움을 줄 것이다. "하나를 배우면 열을 깨친다."라는 속담처럼 슬로리딩으로 한 권을 제대로 깨우치게 된다면, 열 권을 읽은 것과 대등한 사고의 깊이를 얻게 될 것이다. 그럼으로써 깊이 있는 사고는 그리스 신화 속 페가수스처럼 생각을 자유롭게 표현할 수 있는 커다란 날개로 자리매김할 것이다.

SLOW READING

04

# 책 읽기는 어휘력 향상의 해법이다

부모를 포함한 대부분의 양육자들이 아이들에게 가장 많이 하는 말은 '공부해라!', '책 읽어라!'라는 말이다. 공부를 하라는 말은 곧 책을 읽으라는 말이고, 책을 읽으라는 말은 공부를 하라는 같은 맥락의 말인데도 그 둘이 다른 말인 것처럼 자주 한다. 정작 중요한 공부를 왜 해야 하는지, 책을 왜 읽어야 하는지에 대해서는 '성공하기 위해서', '훌륭한 사람이 되기 위해서' 등 구체적이지 못한 답을 들려주면서 말이다. 부모들이 말하는 '책을 읽어.'라고 하는 말은 아이들에게 공부머리를 키워주기 위해서이다. 우리 뇌에는 읽기를 관장하는 영역이 따로 구분되어 있지 않기 때문에 글을 읽으려고 하면 뇌의 여러 부위가 서로 유기적으로 연결이 되어야만 가능하다. 즉 눈으로 글자 하나하나를 읽어서 문장으로 해석하려면 뇌의 거의 전 부분이 관여하게 된다. 따라서 책을 읽게 되면 공부머리는 저절로 생기게 된다.

아이들이 책을 읽으며 성장하는 데 있어서 이점은 무엇인가? 첫 번째로 문해 환경을 들 수 있다. 특히, 어린이들은 건강한 문해 환경에 노출이 많이 될수록 문자나 음성언어에 관심을 많이 갖게 됨으로써, 언어의 발달이 빠르게 진행되는 반면, 노출이 적을 경우는 언어능력뿐만 아니라 학습적인 부분에서도 격차가 많이 나게 된다. 두 번째 글을 읽는다는 것은 세상을 보는 시야를 넓힐 수 있는 가장 쉬운 방법이다. 글을 읽는다는 것은 문자로 된 언어 이면에 있는 상상 속의 목소리를 파악하는 것으로서, 저자의 생각이나 경험 등을 읽는 과정이다. 세 번째는 책을 읽으면 이야기를 통해 다른 사람과 소통할 수 있다. 책 속에 등장하는 지역이나 인물들에 대해 알고 있다면 서로 공감대가 형성됨으로써 소통할 수 있는 연결통로가 된다. 네 번째, 책을 읽게 되면 책 속의 다양한 표현들을 통해 자신만의 다양한 방식으로 표현할 수 있는 자신만의 언어를 가지게 된다. 책을 읽음으로써 자기만의 언어, 자기만의 표현력을 갖게 되고 다른 사람의 주장이나 목소리에 휘둘리지 않고 주체적인 자신만의 삶을 살아갈 수 있게 된다. 마지막으로 책 읽기의 이점 중 가장 큰 비중을 차지하는 것은 어휘력 향상일 것이다.

초등학교에 입학한 지원이는 수업시간에 엉뚱한 행동을 하고 산만해서 다른 아이들에게 방해가 되며, 수업을 제대로 따라가지 못한다며 선생님으로부터 몇 번 주의를 받았다. 지원이의 이런 행동들은 학령기 이전일 때는 어리다는 말로 엄마의 보호 속에서 묵인되었지만, 학교생활에서는 그런 행동들이 다른 친구들에게 피해를 주니 문제시되어 수면 위로 나타나게 된다.

그렇다면 지원이는 왜 수업시간에 산만해질까? 여기에는 여러 이유들이 있겠지만, 발달상의 문제를 차치하고, 대부분의 아이들은 어휘력이 부족하거나 지나친 선행 학습을 한 경우 수업시간에 산만해진다. 어른도 마찬가지지만, 아이들의 경우 어휘력이 부족하면 흥미도 떨어지고 교과서를 읽어도 무슨 말을 하는 건지 이해를 잘 하지 못하게 된다. 그러니 모르는 어휘가 많이 나오는 교과서가 재미있을 리 없다. 그러다 보니 교과서 중심으로 수업이 이루어지는 학교생활이 따분해져 수업시간에 엉뚱한 짓을 하게 된다. 이처럼 아이들에게 있어 어휘의 양은 공부와 떼려야 뗄 수 없는 관계이다. 지원이처럼 어휘력이 빈약한 아이들은 절대 공부를 잘할 수 없다. 어휘력이 부족하니 교사의 말을 잘 이해하지 못하게 되고, 교사가 지시하는 대로 활동을 할 수도 없다. 그러다 보니 하는 행동들마다 두드러져 보이게 되는 것이다.

아이에게 어휘력을 키워주려면 아이의 머릿속에 어휘량을 많이 쌓게 해야 한다. 영유아기일 때 아이들은 엄마와의 끊임없는 대화를 통해 일상 대화 수

준의 어휘를 습득한다. 그 이후 아동기에 접어들 때 일상생활 수준의 대화는 아이들의 어휘를 늘리는 데 큰 도움이 되지 않는다. 또한, 친구들과의 대화도 또래 수준의 단어들을 익히는 것에 그친다. 그렇다면 아이들의 어휘력을 향상시키려면 과연 어떻게 해야 할까? 어휘력을 키우기 위해서는 무엇보다 책 읽기가 해답이다. 책은 무궁무진한 어휘를 쌓을 수 있는 백과사전으로서 문화와 시대상이 변화더라도 끊임없이 수많은 어휘를 접할 수 있다.

책 읽기에도 빈익빈 부익부 현상인 '마태효과'가 있다. 이는 어휘를 많이 아는 아이는 새로운 어휘를 익히는 것이 보다 쉽고 어휘를 조금 아는 아이는 새로운 어휘를 익히는 게 어렵다는 것이다. 미국의 교육연구가인 베티 하트(Betty Hart)와 토드 리즐리(Todd Risely)는 가정에서 부모와 아동의 어휘 구사력 상관관계를 연구했다. 이들은 만 1세부터 만 3세까지 아동의 가정에 한 달에 한 번씩 방문해서 아이와 부모가 나누는 대화를 분석했다. 연구 결과 교육을 받은 고소득층 가정에서 자란 아동은 만 3세까지 약 4,000만 번 정도 어휘에 노출됐고, 극빈층 아동은 약 1,000만 번 노출됐다고 한다. 가정에서 언어에 자주 노출될수록 아이가 아는 어휘 수도 많아져 만 3세 때 극빈층 아동이 아는 어휘는 약 500개였고 고소득층 아동이 아는 어휘는 약 1,100개였다. 결과적으로 어휘력이 좋은 아이로 키우고 싶다면 어릴 때 부모가 긍정적인 자세로 다양한 어휘를 사용하는 게 효과적이다. 또한, 아이가 글자를 깨치기 시작하면 아이 스스로 어휘를 배워가는 책 읽기가 시작된다.

올해 8세인 민수는 아는 어휘가 또래들에 비해 굉장히 많다. 민수는 어릴 때부터 집에서 엄마와 함께 책에 나오는 단어의 비슷한 말과 반대말 찾기를 놀이로 하다 보니, 단어가 하루가 다르게 늘었다고 한다.

"엄마, 넘어져서 멍이 퍼렇게 들었다고 나오는데, 퍼렇게와 비슷한 말은 뭐예요?"

"어 그건 파랗다, 푸르다, 푸르딩딩하다, 새파랗다 등이 있지."

"그럼, 퍼렇게와 반대인 말은 뭐예요? 뭘까요?"

"그건 빨갛다, 새빨갛다, 뻘거스럼하다 등 여러 개가 있어요."

민수와 엄마의 경우처럼 꼭 정확한 단어는 아니더라도, 아이가 엄마와 다양한 말들을 표현해봄으로써 자연스럽게 어휘를 확장하는 기회를 가지는 게 중요하다. 사전을 옆에 끼고, 매번 정확한 답을 제시하려고 하다 보면, 책을 보는 게 스트레스가 된다. 꼭 정확하지는 않더라도 아이의 말로 표현해봄으로써 어휘에 대한 재미를 느끼게 하면 말에 대한 흥미를 가지게 하는 데 도움이 된다. 이처럼 가정에서 아이에게 어휘를 가르칠 때는 이해하기 쉽고 간결하게 설명해주는 게 좋다. 또한, 아이는 가정에서 부모가 무심결에 하는 말도 곧잘 따라 하므로, 아이 앞에서 나쁜 말은 되도록이면 하지 않도록 조심해야 한다.

책을 읽다 보면 아는 어휘도 있을 것이고, 긴가민가하는 애매한 어휘도 접하게 되고, 아예 처음 보는 생소한 어휘도 접하면서 의미와 뜻을 알아가게 된다. 아이들에게 책 읽기는 어휘력을 키우고 미지의 세계에 대한 상상의 나래를 펼치는 글 밥으로 된 놀이터다.

언어학자인 스티븐 크라센은 『크라센의 읽기혁명』에서 "아이들이 즐기면서 책을 읽을 때, 아이들이 책에 사로잡힐 때, 아이들은 부지불식간에 노력을 하지 않고도 언어를 습득하게 된다. 아이들은 훌륭한 독자가 될 것이고, 많은 어휘를 습득할 것이며, 복잡한 문법 구조를 이해하고 사용하는 능력이 발달되고, 문체가 좋아지고, 철자를 무난하게 써낼 것"이라 한다. 그가 말하는 읽기란 아이들 스스로 읽는 '자발적 읽기'이다. 아이가 책이 좋아서 즐기면서 읽게 되면 읽고 난 이후 관련된 책을 더 읽으려고 찾게 된다. 그렇게 되면 읽었던 책에서 찾은 어휘, 읽을 책에서 새롭게 보게 되는 어휘들 간 접점인 또 다른 어휘를 만나게 됨으로써 어휘량이 폭발적으로 늘어나게 된다. 결과적으로 책을 읽는다는 것은 단순한 암기나 문법 공부와 같은 방식의 언어 학습법보다 훨씬 효과적으로 어휘력을 향상시킬 수 있는 해법임에 틀림없다.

SLOW READING

05

# 슬로리딩, 인내심을 기르게 한다

보통 인내심이라고 하면 무언가를 무던히 참고 견뎌내는 마음을 말한다. 우리는 출생에서부터 여러 가지를 배우며 익히는 과정들을 통해 습득하거나 포기하는 것들을 경험하면서 점차적으로 인내심을 기른다. 그래서 그런지 어른이 된다는 건 성인의식처럼 기본 베이스로 인내심을 기르는 과정을 통과했다는 가정이 전제된다. 인내심의 사전적 정의는 괴로움이나 어려움을 참고 견디는 마음이다. 그렇다고 인내심을 기르기 위해 꼭 괴롭고 힘든 일들을 겪어야만 기를 수 있는 것은 아니다. 삶에서 오는 희노애락의 결과 앞에서, 자신에게 주어진 슬프고 힘든 일, 설레고 부푼 행복함을 견뎌내는 데도 인내심은 요구된다. 우리의 삶은 성장하는 여러 단계에서 자의반 타의반으로 다양한 종류의 인내심을 경험하는 과정들을 통해 개개인에게 맞는 인내심을 갖추게 된다.

7남매 중 막내인 나는 어릴 때부터 약한 체력에 걷다가도 발목을 잘 삐기도 하고 쉽게 체해서 수시로 배앓이를 하면서 자랐다. 그러다 보니 운동에는 영 소질이 없었고 초등학교 때부터 체육 시간이 되면 힘들고 재미가 없었다.

중학생이 되어서는 큰 이벤트 없이 체육 시간을 보냈다면, 고등학생이 되니 1년에 한 번씩 체력장이 있었다. 체력장 종목으로는 100m 달리기, 제자리 멀리 뛰기, 윗몸 일으키기, 오래달리기 등이었다. 나는 다른 종목들은 오기로 버텨서 남들만큼은 하는데, 달리기는 영 자신이 없었다. 어릴 때부터 약골인 데다, 다리에 힘이 부족하여 뛰다 보면 심장 소리가 더 크게 들려 되도록 피하려고 애를 썼다. 그런데, 고3 때는 100m달리기가 성적에도 반영되고, 늘 싫어서 피하기만 하는 내 모습이 한심해서 눈을 질끈 감고, 죽기 살기로 뛰었다. 뛰다보니 2등과 박빙으로 한 발 먼저 들어왔다. 그 순간 태어나서 처음으로 달리기에서 1등을 한 거라 나름 자신감에 의기양양했는데 순간, 화가 나신 체육 선생님의 목소리가 날 불러 세웠다. "너 이 녀석 눈 감고 그렇게 뛰다 넘어지면 어쩌려고? 겁도 없이 눈을 감고 뛰는 녀석이 어디 있어?"라며, 호통을 쳤다. 그리고선 창피하게 친구들 앞에서 두 손 들고 벌을 서게 했다.

맨손으로 달리기를 하는 데는 강한 인내가 필요하다. 우리가 책을 슬로리딩 하면서 깊게 읽으려고 할 때 인내가 필요하듯 말이다. 다자이 오사무의 단편소설인 『달려라 메로스』에는 왕에게 사형을 선고받은 메로스가 석공인 친구 세리눈티우스의 목숨을 담보로 고향에서 있을 여동생의 결혼식에 다녀오겠다는 약속을 한다. 메로스는 그 약속을 지키기 위해 최선을 다해 달리고 또 달리는 모습이 나온다. 또, 무라카미 하루키의 『달리기를 말할 때 내가 하고 싶은 이야기』에는 하루키 자신이 전업 소설가가 된 이후 나빠진 건강을 되찾기 위해 달리기를 시작하게 됐다고 말한다. 그는 "주어진 개개인의 한계 속에서 조금이라도 효과적으로 자기를 연소시켜가는 일" 그것이 달리기와 사는 것의 본질이라고도 말한다. 하루키는 소설가에게 중요한 자질로 재능, 집중력, 지속력을 강조하며, 자신도 소설가로 자신의 재능, 집중력과 지속력을 유지하기 위해 달리기를 꾸준히 하고 있음을 밝힌다. 메로스나 하루키가 달리기를 선택해서 달리듯 나 스스로도 매일매일 걷기를 통해 나 자신의 한계를 극복하고 인생이란 거대한 산을 넘어 보기로 결심했다.

『걷는 사람, 하정우』에 보면, 독서와 걷기는 묘한 공통점을 가지고 있다고 한다. 이 두 가지 모두 인생에서 꼭 필요한 것들이지만, '시간이 없는데요.'라는 핑계를 대기가 쉽다는 것이다. 사실 잘 살펴보면 하루에 20쪽 정도 읽을 시간, 30분가량 걸을 시간은 누구에게나 있는데 말이다. 나의 경우도 저자가 지적한 것처럼 하루 만 보 걷기나 책 읽기를 목표로 열심히 하다가도 가끔 하기 싫어질 때가 있다. 우리가 달리기나 걷기를 할 때, 그 순간의 기록, 순위, 타인의 평가 여부도 계속해서 지속하는 데 영향을 미치겠지만, 그것보다는 자신이 정한 목표에 도달하기 위해 나아가려는 내면의 강한 인내가 중요하게 작용한다. 속담에 "천 리 길도 한걸음부터."라는 말이 있다. 책 읽기도 달리기와 마찬가지로 천천히 곱씹어서 완벽하게 자기 것으로 이해하고 쌓아가는 과정들을 통해 자신감이 생긴다.

가끔씩 늦은 저녁 시간 남편과 율하천을 따라 산책을 한다. 특히 낮 시간 동안 만 보 걷기를 제대로 달성하지 못한 날이면 가급적 저녁 시간이라도 걸으려고 한다. 율하천은 빠른 1월 말이 되면 한쪽 언덕 능선을 따라 매화나무 꽃봉오리가 팝콘이 터지듯 하나둘씩 그 모습을 드러낸다. 매화는 고결, 인내, 맑은 마음이라는 꽃말을 가지고 있으며 사군자 중에서도 제일 으뜸이 매화이다. 매화는 당대의 유명한 화가들이 즐겨 그렸던 그림의 소재이자 추운 겨울을 이겨낸 강인한 선비의 기개와 봄의 시작을 알리는 전령사로서의 역할을 톡톡히 한다. 추운 겨울을 이겨내서 그런지 매화의 향은 여리면서도 깊고 은은한 강인함이 묻어난다. 매화가 필 때면, 나는 꼭 매화 나뭇가지 가까이 얼굴을 밀어 넣은 채 킁킁 거리며 매화향으로 목욕재계한다. 추웠던 겨울을 마무리하고 새로운 해를 시작하면서 매화향으로 몸을 깨끗이 하고 마음을 가다듬어 한 해를 기분 좋게 출발하기 위한 나만의 소박한 의식이다. 매화향은 머리를 맑게 하고 내면을 정화시키는 데 탁월하다.

옛 선비들은 매화를 '꽃 중의 왕'이라고 불렀다. 한겨울 세찬 눈보라와 추위를 이겨내고 꽃을 피우는 매화는 선비의 기품을 닮았다 해서 선비정신을 말할 때면 어김없이 등장한다. 책을 읽을 때도 선비들은 바른 자세에서 정신을 가다듬고 한 문장 한 문장씩 가슴으로 새기면서 천천히 익혔다. 책을 천천히 깊이 있게 읽는 방법인 슬로리딩은 선비들의 책 읽는 모습과 무척이나 닮았다.

우리가 슬로리딩으로 책을 천천히 읽기 시작하면, 책을 읽을 때 빠르게 읽음으로서 놓치기 쉬운 작가의 표현이나 숨겨진 의미가 무엇인지 고민하는 과정들에서 깊이 있는 사색을 통해 자연스럽게 인내심이 길러진다. 인내심을 기른다 해서 꼭 재미없고 두꺼운 책을 끝까지 참고 다 읽어야 하는 것은 아니다. 대신 "인내는 쓰고, 열매는 달다."라는 속담처럼 우리가 끝까지 완독하지는 않더라도 천천히 한 문장씩 읽으면서 그 문장에 숨겨진 깊은 뜻을 이해하려고 노력하는 습관을 익히는 것은 필요하다. 책을 읽을 때 슬로리딩으로 읽는다는 것은 인내심을 기른다는 것을 의미한다. 슬로리딩을 하게 되면 처음에는 시간이 많이 걸리고 다소 어렵게 느껴지더라도 조금씩 반복되는 과정들을 통해 깊이 있는 질적 독서가 가능해지는 순간을 맞게 될 것이다.

SLOW READING

06

# 책 읽기는 이해력을 길러준다

한 번의 여행은 또 다른 여행을 불러오듯, 책은 또 다른 책을 불러온다. 사람들은 한 권의 책을 통해 미지의 세계로의 앎의 여행을 시작하게 된다. 다시 그곳에서 지적 탐험을 위해 떠나고 하는 일련의 과정들을 반복하면서 새로운 세계에 대한 불안을 떨쳐 버리면서 맞서는 용기를 가지게 된다. 나에게 책이란 '여행을 떠나기 전과 갔다 온 이후 나 자신의 모습이 달라져 있듯', 책을 읽기 전과 책을 읽고 난 이후의 나는 분명 다르다.

대부분의 사람들은 자신과 가까운 주변에서 익숙한 사람을 만나 익숙한 장소에서 익숙한 음식을 먹으며 이야기를 나눌 때 편안함을 느낀다. 반면 낯선 장소에서 낯선 상대를 만나 생소한 대화를 나눠야 할 때는 매 순간 긴장을 한다. 이렇듯 존재하는 모든 것들은 태생적으로 편안하다는 미명하에 익숙한 쪽으로 쏠리는 타고난 경향이 있다. 그래서 외부의 특별한 자극이 주어지지 않는 한 과거의 나와 오늘, 내일의 나는 크게 달라지지 않는, 쳇바퀴 돌듯이 반복되는 일상을 살아가게 된다. 이런 면에서 볼 때, 책은 실제 내면으로부터 근본적인 변화를 꾀할 수 있는 가성비 높은 외부 자극제이다. 때때로 마음에 와닿는 한 권의 책을 만났을 때 천천히 읽고 난 뒤, 책장을 덮었는데도 오랜 여운이 남을 때가 있다. 그때는 저자의 생각이 읽는 독자인 나로 하여금 떠나지 않는 울림으로 다가와 내 속에 있는 앎에 대한 궁금증과 결합하여 새로운 증폭제로서의 역할을 하기도 한다.

올해 초등학교 4학년인 작은아이의 교과서와 문제집을 보면 어렵다는 말이 입에서 절로 나온다. 우리 때는 그래도 단순한 연산 위주로 문제를 풀었다면 지금은 본문에 나와 있는 스토리를 이해해야만 풀 수 있는 문제들로 구성이 되어 있고, 객관식 답이 아닌 서술형 문제가 많아서 스토리 자체를 이해하지 못하면 풀기가 어렵게 되어 있다. 이렇다 보니, 문제를 풀기 전에 우선, 아이에게 스토리를 좀 더 친근하게 풀어낼 수 있도록 스토리에 대한 이해를 높이려고 노력하게 된다. 누군가에게 이야기를 할 때 말하는 입장에서는 '이해하니? 이해되니?'라고 말을 하기는 쉽지만, 정작 받아들여야 하는 입장에서는 결코 쉽지만은 않을 것이다. 왜냐면, 이해를 한다는 것은 받아들인 정보를 내 것으로 해석해서 받아들인다는 것을 말한다. 즉, 문제에 담긴 의도가 무엇인지를 파악하기 위해 내가 알고 있는 여러 가지 정보나 지식을 총동원해야 함을 뜻한다. 과거 내가 학교 다닐 때는 문제를 빠른 시간 내에 읽고 그 문제에 대한 답만 정확하게 풀면 됐지만, 지금 우리 아이들 세대는 단순히 연산으로 풀이만 하는 게 중요한 것이 아니라, 스토리에 담긴 묻는 의도와 의미를 파악해야 하는 사고력을 요하는 문제들이기 때문에 이해력이 떨어지게 되면 학습에 대한 흥미를 잃어버리게 된다. 그렇기 때문에 아이의 이해력을 향상시키기 위해서는 어휘력이 절대적으로 필요하다. 아이들의 어휘력을 키우기 위해서는 다른 무엇보다 독서가 큰 도움이 된다.

생각해보면 학교에서 이루어지고 있는 모든 교과목은 글로 표현이 되어 있기 때문에 내용을 단순히 읽는 데만 그쳐서는 아이들의 학습에 대한 흥미를 떨어뜨리는 결과를 초래한다. 따라서 책 읽기를 통해 본문 내용을 읽고 이해하는 능력을 갖추어야 공부에 흥미도 붙이며 잘하려고 하는 선순환의 과정을 겪게 된다.

글을 읽는 것은 눈으로 보는 것으로서 좌뇌에 자극을 주는 것이고, 이미지를 그려보고 상상하는 것은 우뇌에 자극을 주게 된다. 학습적인 부분으로 연결해서 보면 좌뇌는 읽고, 쓰고 말하는 논리적인 사고와 분석을 담당하는 역할을 맡고 우뇌는 오감, 공간지각, 창의적인 사고, 이미지 말투와 같은 비언어적인 부분을 담당한다. 우리가 이해를 잘하기 위해서는 우뇌에서 받아들이는 큰 이미지를 좌뇌에서 잘 분석하고 사고해야 하는데, 좌뇌와 우뇌의 정보교류가 원활하게 이루어지지 않는다면 문제에 대한 이해나 사고가 어려워 학습을 하는 데 어려움을 겪을 수 있다. 그러므로 좌뇌와 우뇌를 골고루 발달시켜야 한다. 그러기 위해서는 아이가 책을 읽을 때는 충분히 상상할 수 있게 정서적으로 편안한 분위기에서 생동감 있게 내용을 읽어주면서 다른 가족들과 책 속의 내용을 공유하는 과정을 거치면 효과적이다. 예를 들어 아이에게 책을 읽어주기 전에 우선 엄마가 먼저 책을 읽은 뒤 흥미로운 부분이 있으면 구연동화 하듯 그 역할에 몰입하여 주인공처럼 읽어주기도 하고, 어떻게 느끼는지 상상하면서 그려보는 활동까지 덤으로 하면 된다. 그렇게 하다 보면, 단순히 책을 읽는다에서 다양하게 표현하는 활동으로 전이가 되면서 재미있는 놀이까지 가능해진다.

친한 후배인 D는 조리원 동기 엄마들과 모임에서 보면, 다른 아이들과 달리 자기 아이는 책을 쳐다보지도 않고, 좋아하지도 않는다며 걱정스러운 마음에 어떻게 해야 할지 모르겠다는 고민을 털어놓은 적이 있다. 그래서 나는 '그런 걱정은 하지 않아도 된다. 세상에는 책을 좋아하는 아이, 책을 싫어하는 아이 두 부류로 나누어지는 게 아니다. 단지 책을 많이 접해서 책과 가까워진 아이, 책을 생각보다 많이 접해보지 못해서 어색하고 서툰 아이로 나누어질 뿐이다. 그 대신 방법적으로 책을 좀 더 쉽게 접할 수 있는 환경에 노출시켜주고, 직접적으로 아이 손에 책을 자주 들려준다면 거부감이 줄어 들 것이다. 그러면 나머지는 자연스럽게 해결이 될 것'이라는 조언을 해줬다. 사실 이런 내용들은 책이나 주변에서 많이 접하지만 막상 현실에서 내 아이에게서 이런 모습들을 발견하게 된다면, 당황스러울 것이다. 사실 우리 집 거실에는 거실 창을 빼고 삼면이 책장으로 둘러싸여 있다. 문학전집, 역사서, 자기계발서, 인문학 등 장르별로 다양하게 꽂혀 있다. 아이들은 밥 먹을 때나, 소파에 앉을 때도 자연스럽게 책을 골라서 읽곤 한다. 읽고 나면 한 권 두 권 그 자리에 쌓이기도 하고 가끔은 반려견인 골든 리트리버 오늘이가 책을 베개 삼아 누워서 자거나 다리를 책 위에 올리고 낮잠 자는 모습 등 우리 집에서만 볼 수 있는 재미있는 광경이 펼쳐지기도 한다. 우리가 책을 읽는 것은 오롯이 자신을 위한 행위로서 자신 안에 좋은 것들이 차곡차곡 쌓여가는 느낌도 뿌듯하니 좋겠지만, 같은 책을 같은 공간에서 때때로 가족들이 다르게 읽음으로써 다양한 의견들을 주고받으며 공감하고 소통할 수 있다는 건 더없이 좋은 것 같다.

책을 읽으면 아이들은 지금보다 더 나은 삶과 세상을 꿈꾸게 된다. 다양한 상황과 사람에 대한 관계를 배우게 되고, 고민과 갈등을 해결하고 더불어 살아가는 이치를 깨닫기도 한다. 또한, 책 읽기를 통해 자연스럽게 습득한 어휘와 문장, 풍부한 지식은 공부의 밑바탕으로 자리 잡게 된다. 이처럼 책을 읽는다는 것은 성장하는 아이들의 뇌를 자극해서 이해력과 상상력, 창의력을 키우고 스스로 공부할 수 있는 힘을 길러주게 된다. 같은 교과서를 읽지만 아이들마다 책을 읽는 깊이, 넓이에 따라 보고 느끼는 것은 다르다. 특히 슬로리딩을 통해 깊이 있는 독서를 한 아이들은 교과서에 나오는 개념, 용어, 사진, 책에 담긴 뜻까지도 크게 힘들이지 않고 이해하게 된다. 반면, 깊이 있는 독서를 하지 않는 아이들은 학년이 올라갈수록 개념뿐만 아니라 내용 속에 숨겨진 의도나 함축된 의미를 이해하는 데 어려움을 느끼게 된다.

이해력이란 인간이 살아가면서 필요한 여러 가지 정보들 중에서 자신이 필요한 것을 스스로 선택해서 결정하고 해석하는 학습적인 능력이자 세상을 살아가는 전 과정에서 필요한 능력이다. 그러므로 아이들에게 어렸을 때부터 이해력을 길러주기 위해서는 책을 가까이하며, 슬로리딩 하는 습관을 길러주는 게 무엇보다 중요하다. 또한, 좌뇌와 우뇌의 균형 잡힌 발달을 통해 건강한 삶을 살아갈 수 있는 기본 토대로서 책 읽기는 반드시 선행되어야 한다.

SLOW READING

07

# 슬로리딩, 아이의 눈부신 미래를 연다

프랑스의 철학자이자 평론가인 가스통 바슐라르는 "책은 꿈꾸는 것을 가르쳐주는 진짜 선생이다."라는 명언을 남겼다. 이 말은 성공한 CEO들이 모두 공감하는 문장이기도 하다. 마이크로소프트사를 창업한 빌 게이츠는 "오늘날 나를 만든 것은 어릴 적 살던 동네의 작은 도서관"이라고 말한 바 있다. 지금까지 책의 외형은 다양하게 변화되어 왔지만, 고유의 기능인 지혜를 전해주고 꿈을 심어주는 역할은 변하지 않았다. 우리는 책을 통해 삶에 대한 앎을 알아가고 정신을 살찌우고 사물에 대한 이치를 깨닫는다. 책을 읽으면 꿈을 키우며 사고의 폭을 넓힐 수 있다. 책을 읽다 보면 생각에 고리와 고리를 이어줌으로써 사고의 폭을 넓히게 되고 상상력을 확장시킬 수 있는 힘을 가지게 된다. 원래 책의 기능은 '정보, 흥미, 사고력'이라는 세 가지 기능을 담당하는데, 현실에서는 각종 게임과 스마트폰 컴퓨터가 정보와 흥미 기능을 책 대신으로 담당해버림으로써, 책 고유의 기능이 줄어들었고 그로 인해 독서의 비중이 줄어들게 되었다. 단순히 재미만을 생각한다면 책이 게임과 스마트폰을 따라잡기에는 한계가 있고 정보 수집과 저장을 위한다면 성능 좋은 컴퓨터를 대신할 수 없다. 하지만 자신만의 독창적인 사고를 위해 책을 통해 다른 사람의 생각을 읽고, 관찰한 내용을 중심으로 상상력을 넓히기 위해서는 책의 기능을 능가할 만한 것이 없다.

책을 읽는 것은 한 권의 책과 개인이 소통하는 행위로서 개인이 성장할 수 있는 변화의 행위이다. 우리는 책을 조금씩 읽기만 해도 자신의 삶이 조금씩 변하게 된다. 만약 책을 읽었음에도 책 읽기 전과 별반 차이가 없다고 생각하며 괜히 시간만 낭비했다란 생각에 책을 멀리하게 된 사람들은 표면적으로 드러나는 것 이외에 다른 이유가 있을 것이다. 책은 시류에 따라 바뀌는 취미로 읽는 게 아니라 살아가는 데 꼭 필요한 양식으로서 필요하다. 변화무쌍한 세상이라는 혼돈 속에서 자신만의 기준을 만들어주는 것이 책이다. 책을 읽는데도 변하지 않는 사람은 책을 읽는 목적이 분명하지 않기 때문이다. 책을 읽으면서 의구심이 들 때는 질문도 하고 답을 하는 과정들에서 나 자신을 분명하게 하는 명쾌함을 발견하게 될 것이고 그로 인해 자신이 서서히 변하는 모습을 보게 될 것이다. 책은 이런 점들에서 그 어떤 누구보다도 훌륭한 멘토이자 좋은 스승이다.

지금을 살아가는 우리들은 바쁘다는 핑계로 자신을 돌아볼 겨를도 없이 반복된 일상을 통해 매 순간 앞만 보며 열심히 살아간다. 그러다 보면 어느 순간 자신이 원했던 삶의 길이 아닌 다른 길에 서 있는 자신을 발견하곤 한다. 그래서 그런지 요즘 중년 남성들에게 〈나는 자연인이다〉라는 TV 프로그램이 굉장한 인기라고 한다. 자연인은 말 그대로 속세를 벗어나 산속에 들어가 자신이 먹을 것을 재배하고 간단한 살림살이를 통해 무소유의 삶을 실천하며 비우는 삶을 선택한다. 대부분의 사람들은 학창 시절부터 성인이 된 지금까지 다양한 관계들 속에서 자신을 채우고, 소유하려는 목적으로 경쟁하듯이 살아왔다. 그런데 어느 정도 삶이 안정된 궤도에서 비우는 삶을 추구하려 애쓴다는 건 종교에서나 있을 법한 일인데, 다수의 중년 남성들이 환호한다는 건 삶의 아이러니라는 말밖에 달리 설명할 길이 없다.

무소유를 주창하셨던 법정 스님은 아무것도 갖지 않는다는 것이 아니라 불필요한 것을 갖지 않는 것을 무소유라 말씀하셨다. 그렇다면 나에게 있어서 비우는 삶, 비워진 삶은 도대체 무엇을 말하는가? 생각을 거슬러 올라가면 비우는 삶, 비워진 삶이란 대나무의 이미지를 연상시킨다. 텅텅 비어 있는 속, 그 속을 가득 채운 마디! 『마흔의 서재』에서 장석주는 "대나무는 속이 빈

탓에 쓰임이 많다."라며 대나무의 이런 특성에 따라 대금, 퉁소, 단소, 생황, 해금과 같은 쓸모 있는 여러 악기가 탄생됨을 이야기한다.

어린 시절 대나무는 동네에서 흔하게 보던 나무이다. 동네 어르신들로부터 '대나무 밑에는 습하고 온도가 차기 때문에 뱀이 많으니 함부로 들어가선 안 된다.'란 주의를 종종 들었다. 하지만, 여름철이면 대나무 근처에서 불어오는 시원한 바람 소리는 마치 수양버들 나뭇가지가 바람에 살랑이듯 한없이 귓가를 간지럽혔다. 불어오는 바람과 함께 들려오던 '샤샤샤~ 샤샤샤~' 하는 댓잎 소리는 가만히 귀를 기울이기만 해도 절로 마음이 편안해졌다. 어릴 때 자주 듣고 접해서 그런지 성인이 되어서도 나는 대나무로 된 것들은 뭐든 좋았다. 잘 사용하지도 않는 대나무 부채, 대나무 자, 소쿠리, 젓가락 등을 사기도 했다. 그중에서도 특히 대금의 힘 있는 소리와 울림은 마음을 도둑맞은 사람처럼 그 소리에 맥없이 빠져든다. 어쩌면 대금의 높은 소리는 청아하고 낮은 음은 너무나 우아해서 사람들의 마음을 사로잡는 건지도 모르겠다. 그래서 학부 3학년 때 민속연구회에 대금을 배우러 다녔다. 그때는 독거 어르신을 대상으로 말벗이랑 일상생활 관련 자원봉사도 하고, 실습 준비도 하느라 바쁜 일상이었지만 하루가 너무 즐거운 날들이었다. 대금은 다른 악기와 달리, 처음에 소리 내는 게 무척이나 어려웠다. 그래서 처음부터 대금을 가지고 소리 내는 연습을 시작한 게 아니라 대금과 모양이 비슷한 플라스틱 파이프에 구멍을 뚫어 만든 플라스틱 대금으로 소리 내는 법을 배웠다. 며칠을 연습한 끝에 겨우 소리가 조금씩 나기 시작하자, 마치 득음이라도 한 듯 들뜬 기분이었다.

쌍골죽으로 만든 나의 첫 악기인 대금을 가지게 되었을 때는 세상을 다 가진 듯 행복했다. 쌍골죽은 말 그대로 양쪽으로 골이 나 있는 대나무로 모양이 단단하면서도 강인해 보였다. 그러다, 기말고사 기간이 되었고 학교와 통학 거리가 먼 나는 시험 준비하느라, 대금을 배우는 시간을 잠시 보류했다. 시험이 끝나고 다시 대금을 배우러 갔을 때 민속연구회에서 가르쳐주시던 선생님이 다른 지역으로 옮기시는 바람에 제대로 다 배우지를 못했다. 그래서 그런지 대나무 하면, 쌍골죽이 떠오르고, 그 시절 다 배우지 못한 대금에 대한 아쉬움 때문에 대나무에 대한 아련함이 아직도 남아 있다. 책을 읽는다는 것은 무소유의 삶을 실천하려는 삶의 기본자세와 맞물려 있다. 그동안 살면서 읽었던 수많은 책 속에서 얻은 자신만의 자만과 오만을 비움으로써 삶을 겸손하게 바라볼 줄 아는 대나무의 마디 강인한 모습과 닮아 있다.

이규현은 『그대, 느려도 좋다』에서 "책을 읽는다는 것은 몸을 위해 밥을 먹는 것처럼 영혼의 허기를 채우고 정신을 비옥하게 해주는 또 다른 일상이다. 금을 자주 만지면 손이 더러워진다고 한다. 그런데 책을 자주 만지면 영혼이 빛이 난다. 오늘도 책을 읽을 동안 나의 내면에 맑고 푸른 강이 흐르는 것을 느낀다"고 한다. 그렇다면 나에게 책을 읽는다는 것은 빠르게, 많이 읽어서 흡수하려는 탐욕 대신 조금씩 슬로리딩 하면서 내면의 욕심을 비우는 과정, 그 비움을 통해 강인함을 배워가는 과정이지 않을까 한다.

미국의 시인이자 사상가로 유명한 랄프 왈도 에머슨도 "책을 읽는다는 것은 많은 경우, 자신의 미래를 만든다는 것과 같은 뜻이다."라는 명언을 남겼다. 사람의 미래를 만든다는 것은 또 다른 의미로 본다면 그 사람 자신의 역사를 만들어간다는 것을 의미한다. 책을 읽음으로써 자신을 다시 돌아보고 반성하면서 새로운 도전 과제를 실천하고 변화를 위한 노력을 끊임없이 할 수 있게 해주는, 이전과는 또 다른 나로 만들어주는 그런 역사. 책은 그런 나의 미래를 만들어주는 매개체의 역할을 한다. 그럼으로써 결국 우리는 책이란 도구를 통해 나 자신을 세상에서 가장 나답게 완성하게 될 것이다.

책은 우리의 생각을 변화시킨다. 물론 경험을 통해서도 바뀌지만 모든 걸 경험하기에 주어진 시간은 한없이 부족하다. 대신 책이라는 매개체를 통해 독서를 통해 많은 간접 경험을 겪으면서 미래에 대처하는 능력을 기르게 된다. 우리는 슬로리딩을 통해 책을 조금씩 읽으면 읽을수록 생각과 태도를 곧게 바로잡을 수 있으며, 아이들에게 깊고 넓게 생각할 수 있는 능력뿐만 아니라 밝은 미래를 보장해줄 수 있을 것이다.

# 에필로그

"책은 숨 쉬는 구멍이다."만큼 진부한 표현도 없다. 하지만 내게 있어서 책은 숨 쉴 수 있는 공간이자 유일한 도피처였다. 7남매 중 막내로서 언니 오빠들에게 주눅 든 채 늘 존재감 없이 지내던 내게 『꿀벌 마야의 모험』속 마야는 내 속에 꿈틀거리던 외부 세계에 대한 자유로운 일탈을 맘껏 꿈꾸게 했다.

칼 구스타브 융은 『심리유형』에서 사람의 기질을 내향성과 외향성이라는 용어로 분류했다. 이 용어를 처음 사용했을 때는 서로 다른 기질을 의미했지만, 사회가 변화됨에 따라 '외향성 중심주의'를 선호하는 분위기가 지금까지 전해져 내향성이 강한 사람들에게 불리한 편향된 편견이 이어져왔다. 나의 경우도 내향성이 강한 기질인데다 환경적으로도 감정을 잘 드러내지 않고 억압하는 편이어서 지금까지 많은 불편을 겪으면서 살았다.

학창 시절에도 외향성이 강한 친구들은 쉬는 시간이면 수다를 떨고, 뛰어다니며 무리를 지어 갖가지 재미있는 상황들을 연출했다면 나는 친구들과 이야기를 하다가도 '기가 다 빨리는 느낌'을 받곤 했다. 그러다 보니 관계 맺기를 할 때 사람보다는 주로 책과 관계를 맺었다. 나는 책을 통해 표현하지 못했던 감정들을 대신 표출하거나 저자가 표현한 내용들을 간접적으로 경험하며 책을 가까이하는 삶을 살았다.

책을 꼭 완독하지 않더라도 책은 맛있는 커피의 잔향처럼 책에서 풍기는 종이 냄새 자체가 좋다. 때때로 화가 풀리지 않거나 스트레스로 머리가 뻑뻑할 때면, 습관적으로 어김없이 인터넷 서점에서 책을 검색하고 장바구니에 담는다. 사람들이 옷이나 다른 물건들을 검색해서 스트레스를 해소하듯. 나의 드림 리스트에는 '한 번에 사고 싶은 책 100만 원어치 구입하기'라는 꿈 목록이 있다. 이 목록을 볼 때면 머릿속은 벌써 책을 고르는 내 모습과 장바구니에 담아서 결재하는 내 모습이 오버랩 되는 상상에 벌써부터 행복해진다.

독서는 사람마다 처한 환경이나 직면한 문제들을 해결할 수 있게 하는 가장 확실한 지혜를 담고 있다. 나처럼 성향적인 문제를 극복하기 위해서 탐독하는 경우도 있을 것이고, 경제적인 궁핍을 해결하기 위해서 책을 파고드는 경우도 있을 것이다.

평범한 사람이 자신이 몸담고 있는 분야에서 특출나기를 원하거나 전혀 모르는 낯선 분야를 익혀야 하는 부담스러운 경우 가장 확실하고 안전한 방법은 관련된 책을 찾아서 읽는 것이다. 책 속에는 앞선 훌륭한 이들의 생각과 철학이 고스란히 녹아 있기 때문에 어느 시대를 막론하고 가장 효과적이다.

"우리는 책을 읽어야 한다."

나처럼 누군가에게 책은 가치관 정립에 지대한 영향을 미치거나 인생의 중요한 독려로서 삶을 힘들이지 않고 살아가게 하는 큰 이유가 될 것이다. 이해인 수녀님의 「책을 읽는 기쁨」이라는 시는 잔잔한 호수에 작은 파문이 일 듯, 가슴을 조용히 일렁이게 하는 울림을 준다.

"좋은 책에서는 좋은 향기가 나고
좋은 책을 읽은 사람에게도 그 향기가 스며들어
옆 사람까지도 행복하게 한다.

(생략)

아무리 바빠도 책을 읽는 기쁨을
꾸준히 키워나가야만
속이 꽉 찬 사람이 될 수 있다.

언제나 책과 함께 떠나는 여행으로
삶이 풍요로울 수 있음에 감사하라.

책에서 우연히 마주친 어느 한 구절로

내 삶의 태도가 예전과 달라질 수 있음을

늘 새롭게 기대하며 살자."

– 이해인 수녀, 『꽃삽』 중에서

오늘도 나는 책을 읽는다. 기쁘고 열정 가득한 새로운 인생의 터닝 포인트를 꿈꾸며~